Kohlhammer

Theologische Wissenschaft

Sammelwerk für Studium und Beruf

Herausgegeben von

Traugott Jähnichen
Otto Kaiser
Eduard Lohse
Adolf Martin Ritter
Ulrich Schwab

Band 17

Peter Antes

Grundriss der Religionsgeschichte

Von der Prähistorie bis zur Gegenwart

Verlag W. Kohlhammer

Umschlag: Data Images GmbH
Reproduktionsvorlage:
Textwerkstatt Werner Veith & Ines Mergenhagen München
Gesamtherstellung:
W. Kohlhammer Druckerei GmbH + Co. KG, Stuttgart
Printed in Germany

ISBN-10: 3-17-016965-3
ISBN-13: 978-3-17-016965-4

Inhalt

Vorwort

Die letzten zwei Jahrzehnte des 20. Jahrhunderts sind vor allem dadurch für die Religionsgeschichte wichtig, dass eine Fülle von Nachschlagewerken mit bedeutenden Beiträgen zur Religionsgeschichte und Systematischen Religionswissenschaft erschienen ist, so dass gewissermaßen der Ertrag von einem Jahrhundert religionswissenschaftlicher Forschung auf diese Weise gebündelt vorliegt. Die große Anzahl dieser Beiträge und die damit verbundenen vielfältigen Spezialisierungen machen den Durchblick nicht leichter. Was fehlt, ist eine relativ überschaubare knappe Einführung in die verschlungenen Wege religiösen Denkens, die als erste Orientierung dienen kann und den Weg zu weiteren Nachforschungen speziellerer Art zu eröffnen vermag. Daher griff ich gerne den Vorschlag auf, einen Grundriss der Religionsgeschichte zu schreiben, um so das über viele Jahre dankbar verwendete Buch von Ernst Dammann durch ein neues zu ersetzen, das nach Art und Umfang des Behandelten weit über seinen Vorläufer hinausgeht und die gesamte Religionsgeschichte der Menschheit in den Blick nimmt.

Hannover 2006 Peter Antes

Einladung zur Lektüre

Hinduismus, Buddhismus, Judentum, Christentum, Islam – die Welt der Religionen ist vielfältig und vielschichtig. Schon die Zahl der einzelnen Religionen ist nach wie vor unsicher. Innerhalb wie außerhalb der großen Schriftreligionen, die die zeitgenössische Weltkultur geprägt haben, gab und gibt es Tausende religiöser Traditionen und Bewegungen, die sich dem Klassifikationsmerkmal „große Schriftreligion" entziehen. Deshalb hat die wissenschaftliche Disziplin der Religionswissenschaft, die sich mit dem breiten Spektrum religiöser Wirklichkeit in Geschichte und Gegenwart befasst, verschiedene weitere Einteilungen vorgenommen. So ist die Rede von Volks- und Universalreligionen, von prophetischen und mystischen Religionen, von gewachsenen und gestifteten Religionen, um nur einige dieser Einteilungsschemata zu nennen. Je nachdem, welches man zugrunde legt, sieht die Gruppe der zu behandelnden Religionen anders aus. Während Hinduismus, Buddhismus, Judentum, Christentum und Islam als Universalreligionen gelten und dadurch untereinander verbunden sind, werden sie voneinander getrennt, wenn man gewachsene Religionen wie Hinduismus und Judentum von gestifteten wie Buddhismus, Christentum und Islam unterscheidet oder wenn man den Blick auf die prophetischen Religionen des Judentums, Christentums und Islams richtet. Die in diesem Buch vorgenommene Einteilung ist ein weiterer Versuch, die Vielfalt der religiösen Traditionen und Bewegungen einigermaßen geordnet zu benennen und zu beschreiben.

Viele Religionen sind untergegangen, andere sind neu entstanden. Götter und Göttinnen haben ganze Generationen von Menschen in ihrem Handeln beeinflusst, dann war von ihnen nicht mehr die Rede, andere Göttergestalten hatten das Sagen. Religiöse Ideen haben Menschen in Angst und Schrecken versetzt, über Einzelne wie über ganze Völker Unglück gebracht; andere religiöse Gedanken haben die Menschen zu kulturellen Höchstleistungen in Kunst, Literatur, Musik und Tanz angeregt und ihr Denken in eindrucksvoller Weise beflügelt.

Wer sich mit der Welt der Religionen beschäftigt, wird Mühe haben, etwas Gemeinsames in all dieser Vielfalt religiöser Ausdrucksformen zu finden. Zu stark fallen die Unterschiede ins Gewicht, als dass man sagen könnte: „Wer eine Religion kennt, kennt alle" (Adolf von Harnack, 1851–1930). Im Gegenteil, die Beschäftigung mit der Vielfalt der Religionen und ihren jeweils unterschiedlichen Botschaften und Lehren gibt dem Recht, der sagt: „Wer eine Religion kennt, kennt keine" (Friedrich Max Müller, 1823–1900); erst im Vergleich mit anderen Vorstellungen wird der Modellcharakter der eigenen Religion in seinen Konturen sichtbar. Dann erst wird klar, dass man über Gott und Welt auch anderes sagen kann als das, woran man aufgrund der eigenen Tradition gewöhnt ist.

Angesichts der Fülle von Aspekten und der Vielfältigkeit der Religionen ist es ein nahezu unmögliches Unterfangen, in einem Band durch einen einzigen

Autor einen Grundriss der Religionsgeschichte – von ihren Anfängen bis zur Gegenwart – bieten zu wollen. Ein solches Werk übersteigt die Kompetenz eines Einzelnen sowohl bezüglich der thematisch-sachlichen Sichtung des immensen Materials, das vorliegt und einbezogen werden muss, als auch hinsichtlich der sprachlichen Kompetenz, wenn man bedenkt, in wie viel Sprachen Millionen von Texten vorliegen, die eigentlich alle berücksichtigt werden müssten. Hinzu kommen die vielfältigen methodischen Zugänge, denn eine sachgerechte Behandlung der Thematik verlangt Vertrautheit nicht nur mit philologischen und historischen Arbeitsweisen, sondern zudem noch mit sozio-empirischen, archäologischen, paläontologischen, kunstgeschichtlichen und vielen anderen Interpretationsansätzen. Dennoch wird dieser Grundriss hier gewagt. Als Rechtfertigung kann nur der Hinweis dienen, dass alles uns vorliegende und in vielbändigen Nachschlagewerken unter Mitarbeit zahlreicher Fachleute zusammengestellte Wissen dann eine Daseinsberechtigung hat, wenn es nicht zur reinen „Archäologie des Wissens" (Michel Foucault, 1926–1984) wird, sondern noch Grundlinien der Entwicklung erkennen lässt, die es rechtfertigen, sich im Detail damit zu beschäftigen. Aus diesem Grund werden hier die wichtigsten Spuren religiösen Denkens und die maßgeblichen Entwicklungsstränge herausgegriffen und vorgestellt, damit deutlich wird, wie vielfältig das Denken der Menschheit im Lauf ihrer Geschichte weltweit mit Blick auf Gott, den Menschen und die Welt war und noch immer ist. Eine solche Darstellung darf wichtige Ausdrucksformen religiösen Denkens wie das Judentum und das Christentum nicht ausklammern, sondern muss sie einbeziehen, um ihren Stellenwert im vielfältigen Angebot der Religionen anzudeuten und damit auch diese in den Gesamtverlauf der Religionsgeschichte einzubetten.

Die Menge des Materials erzwingt eine Auswahl. Nicht alle Götter und Göttinnen, nicht alle Religionen und religiösen Bewegungen werden zur Sprache kommen. Manche Erwartung wird daher enttäuscht werden. Dennoch bleibt zu hoffen, dass der hier vorgelegte Grundriss infolge der Auswahl einige wichtige Gedanken und entscheidende Entwicklungsstränge des religiösen Denkens bietet, die eine solche Religionsgeschichte sinnvoll erscheinen und durch viel bewusstes Weglassen Konturen hervortreten lassen, die im Dickicht der vorhandenen Materialfülle nicht immer sichtbar sind. Dankbar orientiert sich dieser Grundriss dabei an zwei Werken, die eine Art Vorbildfunktion für diesen Band haben: *Religionen und Kulturen der Erde* und *Handbuch Religionswissenschaft*.

Sicherlich wird man über die Einteilung und Anordnung der Kapitel im Detail sehr intensiv streiten können. Sie folgt einem weitgehend historischen Rahmen, wobei geographische und historische Einordnungen so mit einander verwoben sind, dass ein Gesamtgeflecht entsteht, das nicht alle systematischen Abgrenzungsbedürfnisse befriedigen wird.

Da es bei diesem Grundriss auf die großen Linien ankommt, wird auf den sonst üblichen wissenschaftlichen Apparat bewusst verzichtet. Lediglich Zitate werden belegt. Ansonsten wird auf die üblichen Nachschlagewerke verwiesen, die in der Bibliographie am Ende des Buches zu finden sind. Bücher, die in der Bibliographie aufgeführt sind, werden nur in Kurzform angegeben, solche, die nicht aufgeführt sind, in der üblichen Zitierweise. Ein Sach- und Personenregister, das dankenswerterweise Marlies Rehermann vom Kohlhammer-Verlag erstellt hat, soll beim Auffinden dieser Begriffe als Hilfe dienen. Bei fremdländischen Namen, Orten und Fachtermini wird weitestgehend auf die wissenschaftliche Umschrift verzichtet und eine eher umgangssprachliche gewählt, um die Lesbarkeit des Textes zu gewährleisten, denn wer die jeweiligen Sprachen kann, wird leicht das Gemeinte wiedererkennen; wer die Sprache nicht kann, wird mit der Umschrift ohnehin nicht viel anfangen.

Es ist der Wunsch des Autors, all denen eine Erstorientierung zu geben, die das Thema Religion und speziell die Religionen interessieren, seien sie selbst innerhalb einer Religion oder außerhalb jeglicher Religion.

Erste Spuren von Religion in der Vorgeschichte

Die weitaus längste Zeitspanne der Menschheitsgeschichte liegt in einer Zeit, aus der wir kaum etwas wissen und mit Bezug auf eventuelles Vorhandensein von Religion auf ganz wenige indirekte Hinweise angewiesen sind. Deshalb hat die wissenschaftliche Zunft der Vor- oder Frühgeschichte (Prähistorie) vielfach das Spekulieren an die Stelle gesicherter Erkenntnisse treten lassen und oft den Eindruck vermittelt, als sei vieles bekannt und sicher, was in Wirklichkeit nur behauptet wurde und keineswegs als bewiesen gelten kann.

Das Spekulieren basierte im Wesentlichen auf zwei unterschiedlichen Argumentationslinien: einer ideologischen und einer Parallelisierung zwischen Geräteherstellung und Denkvorstellungen.

Die ideologische Argumentationslinie geht davon aus, dass der Mensch von Anfang an, d.h. auch schon in prähistorischer Zeit, ein „vollständiger Mensch" gewesen ist. Dazu gehört, so wird behauptet, auch die Religion. Mircea Eliade (1907–1986) verficht diese These im ersten Band seiner „Geschichte der religiösen Ideen" mit besonderer Nachdrücklichkeit. Für ihn ist der aufrechte Gang des aus der Tierwelt zum Menschsein übergegangenen Lebewesens gewissermaßen der symbolische Hinweis auf eine direkte Beziehung nach oben, zwischen dem Menschen und einer göttlichen Wirklichkeit über ihm. Obwohl – wie Eliade weiß – keine direkten Zeugnisse für eine solche Vorstellung vorhanden sind, hält er bis zum eindeutigen Beweis des Gegenteils an seiner Position fest, wohl wissend, dass infolge des Fehlens von jeglichem Material in dieser Hinsicht der von ihm geforderte Gegenbeweis gar nicht erbracht werden kann. Eliade verknüpft auf diese Weise Menschsein wesentlich mit der Begegnung mit dem Heiligen, einer Art Grundspiritualität, die für alle Zeiten gilt, solange Menschen wirklich Menschen sind und nicht in ihrem Wesen denaturieren. Ideologisch ist diese Botschaft deshalb, weil sie sich mit Bezug auf die Menschheitsentwicklung gegen alle modernen Versuche einer atheistischen Erziehung richtet und ihr vorwirft, vom wahren Menschsein wegzuführen. Angesichts der tatsächlich vorhandenen Fakten ist die Aussage über die Religiosität des ersten Menschen weit weniger sicher. Die – historisch gesehen – längste Phase der Menschwerdung und Menschheitsgeschichte lässt keine Schlüsse über eine etwaige Religiosität der Menschen zu. Auch die darauf folgende Phase gibt nur dann viel her, wenn man die Geräteherstellung und Denkvorstellungen mit Hilfe des ethnographischen Vergleichs parallelisiert.

Die Parallelisierung von Geräteherstellung und Denkvorstellungen war vor allem eine in der ersten Hälfte des 20. Jahrhunderts beliebte Vorgehensweise, um archäologische Funde aus der Vorgeschichte zu deuten. Sie beruht auf der Annahme, dass ähnliche Herstellungsweisen auf ähnliches Denken bei den jeweiligen Herstellern schließen lassen. Auf diese Weise hat man dann zeitgenössische

Stämme von Naturvölkern, die Produkte wie die der Stein- oder Bronzezeit herstellten, auf ihre Vorstellungen zu Gott und Welt befragt und unterstellt, damit eine Art Schlüssel zum Denken der Menschen der Stein- bzw. Bronzezeit gefunden zu haben. Heute ist die Forschung diesbezüglich viel vorsichtiger. Sie stellt weit mehr Veränderungen und Entwicklung in Rechnung, als es die erwähnte Parallelisierung zulässt. Sie geht von einer langsamen Entwicklung der Sprach- und Denkfähigkeiten beim Menschen aus und bezieht in diesen langsamen Entwicklungsprozess auch ein entsprechend langsam gewachsenes Bewusstsein im Bereich der Religion mit ein. Infolgedessen bleiben viele Fragen offen, und dies selbst da, wo Funde gemacht werden. Dies wirft methodologische Probleme auf.

Methodologisch gesehen ist nüchtern festzustellen, dass Funde allein meist noch keinen Schlüssel zu ihrer Interpretation bieten. Figuren und Bilder, die entdeckt werden, sagen so gut wie nichts darüber aus, was die Menschen, die sie hergestellt haben, damit wollten und darüber dachten. Deshalb ist das meiste aus der prähistorischen Zeit nicht mit Sicherheit deutbar. Jegliche Interpretation ist daher mit einem großen Fragezeichen zu versehen. Gesicherte Aussagen setzen erläuternde Texte voraus. Diese hat man erst aus den letzten rund 5000 Jahren einer insgesamt mehrere Millionen Jahre währenden Menschheitsgeschichte, so dass der weitaus längste Zeitraum der Menschheitsgeschichte ein großes Geheimnis bleibt.

Trotz der methodischen Einschränkungen gegenüber der Deutung archäologischer Funde wagt Ina Wunn die Entwicklung des religiösen Denkens anhand von sieben Schritten nachzuzeichnen[1]:

1. Für die allererste Zeit der Menschheitsgeschichte (6–2 Millionen Jahre v.h.) lässt sich bei unseren Vorfahren, die in der Savanne Afrikas gelebt haben, nichts finden, was auf Religion hindeutet. Es ist von daher nicht unwahrscheinlich zu vermuten, dass Religion wie Sprache und Denken sich erst langsam im Lauf eines langen Menschwerdungsprozesses herausentwickelt hat, wobei durchaus anzunehmen ist, dass sich schon vorher ein ästhetisches Empfinden sowie erste Formen von Sozialverhalten herausgebildet haben.

2. In der mittleren Altsteinzeit (Mittelpaläolithikum: 200 000–35 000 v.h.) kommt es dann beim Neandertaler, einem mit unseren Vorfahren nahe verwandten Vertreter der Gattung *Homo* sowie beim in Kleinasien parallel dazu auftretenden *homo sapiens* zu Bestattungen der Toten. Diese bestanden zunächst in einem primitiven Deponieren, dann in Grablegungen in Höhlen mit bearbeiteten Leichnamen (vgl. die Stellung der Toten, die Befreiung der Knochen von verweslichen Teilen [kein Kannibalismus!], Grabbeilagen).

3. Im Jungpaläolithikum (35 000–11 500 v.h.) werden die Bestattungsformen weiter verfeinert. Alles deutet darauf hin, dass man sich durch die Begräbnisse auf Dauerhaftes einstellt, was möglicherweise bedeutet, dass erste Formen von

[1] Ina Wunn: Die Religionen in vorgeschichtlicher Zeit, S. 451–465.

Todes- und Jenseitsvorstellungen aufkommen. Parallel dazu gibt es ein Kunstschaffen (Höhlenmalerei), das weniger eindeutig zu erklären ist. Die Deutungen reichen von spontaner Aktionsmalerei über Jagdzauber bis zu religiösen Kultbildern. Ähnlich vielfältig sind die Deutungen von Frauendarstellungen. Auch hierin erblicken einige Forschende religiöse Inhalte wie Schutzfunktionen einer göttlichen Urmutter oder Eigenschaften übermächtiger Wesen.

4. Im Mesolithikum (um 10 000 v.h.) setzt sich das bisher Beschriebene fort. Es entwickeln sich zudem lokale Gebräuche (Riten), die belegen, dass dem Dasein nach dem Tod eine gewisse Wichtigkeit zukommt. Neu ist nämlich das Bestatten der Toten mit (ihren) Hunden, die Beisetzung auf Gräberfeldern, das Beifügen von Grabbeigaben, Totenfeuer und Schädeldeponierung, durch die sich vermutlich die Lebenden der Kraft der Toten versichern wollten. Ob dies auf eine Art Seelenvorstellung hindeutet, bleibt offen.

5. In der Lepenski-Vir-Kultur (im Donautal zwischen Rumänien und Serbien) findet man zwischen 10 000–8000 v.h. im Übergang von der Jäger- zur Ackerbauerkultur Beisetzungen im unmittelbaren Lebensbereich (neben dem Herd). Ähnlich gibt es in Anatolien zu dieser Zeit letzte Ruhestätten unter den Fußböden der Häuser. Besondere Bedeutung hat auch hier der Schädel, der bald durch Statuetten ersetzt wird.

6. Im Neolithikum (von 8000 v.u.Z. an) setzt sich der Trend zu den figürlichen Darstellungen fort, vor allem in Çatal Hüyük in Kleinasien (in der heutigen Türkei) findet man zahlreiche weibliche und selten männliche Figuren und die Thronende in Raubkatzenbegleitung, die vermutlich nur eine Form der Urmutter ist. Die Urmutter und die Ahnen werden immer wieder als Erklärungen für die Figuren angeführt. Dank der Sesshaftigkeit wird die Beisetzung wohl auch von Totenritualen begleitet.

7. Von Anatolien aus drang die neolithische Kultur von 5000 v.u.Z. an nach Europa vor und differenzierte sich dort sowohl in zeitlicher als auch in räumlicher Hinsicht. Die wichtigsten Kulturen sollen genannt werden. In der Linienbandkeramischen Kultur setzte sich die bereits aus Anatolien und Südosteuropa bekannte Betonung des Hauses (mit Bauopfern in Mitteleuropa) und die Verehrung der Vorfahren (mit ihren im Haus deponierten Schädeln) fort. Gegen Ende dieser Periode und mit einem ersten Höhepunkt in der Trichterbecherkultur mit ihren megalithischen Aspekten kam es zu Ritualen an heiligen Plätzen in Form der Kreisgrabanlagen, für die die Himmelsrichtungen wichtig waren und deren Rituale sich an wichtigen astronomischen Eckdaten im Jahresverlauf (z.B. Sonnenwendfeiern) orientierten. Gottheiten werden durch Symbole gekennzeichnet und mit ihnen verbunden dargestellt. Religiöse Praxis wird somit auf vielfältige Weise konkret gestaltet.

Frühe Kulturen

Die Sesshaftigkeit der Menschen hat in vielen Kontinenten dazu geführt, dass an verschiedenen Orten größere Siedlungen ausgegraben werden konnten und somit mehr Zeugnisse kulturellen Schaffens zu Tage traten, als dies für die Zeit der Jäger und Sammler oder gar für noch frühere Zeiten der Fall ist. Die zahlreichen Funde berechtigen dazu, in diesen Fällen von frühen Kulturen zu sprechen, ungeachtet der Frage, ob die Vorstellungen dieser Menschen nur in Form archäologischer Zeugnisse oder durch schriftliche Aussagen erläutert auf uns gekommen sind.

Von frühen Kulturen zu sprechen, ist eine relative Zeitgröße. Sie kann recht früh angesetzt werden, wie dies für die indische oder chinesische bzw. aus dem Bereich der Schriftkulturen für die mesopotamische, altägyptische oder auch die griechische gilt. Sie kann sich aber auch wie im Fall der germanischen oder slawischen Religion auf spätere Zeiten beziehen, als andernorts längst schriftlich festgehalten wurde, was die Menschen über Götter, Menschen und Welt dachten, ja sie kann wie im Fall Mittelamerikas sogar bis zur Kolonialzeit reichen, um uns Zeugnis vom vorkolonialen Amerika zu geben. Deshalb ist der Begriff „frühe Kulturen" hier eine Art Hilfsbegriff, um eine Zwischenphase der Menschheitsgeschichte begrifflich zu fassen, die das Bindeglied zwischen der Vor- und Frühgeschichte und den Hochkulturen darstellt, ohne dass damit notwendigerweise ein Vorher oder Nachher impliziert wäre.

Der Einfachheit halber wird für die folgende Präsentation das geographische Ordnungsprinzip nach Kontinenten gewählt, d.h. mit Asien begonnen, dann über Afrika nach Europa vorangeschritten und schließlich Mittelamerika in den Blick genommen.

Asien

Asien ist für die Religionsgeschichte der produktivste Kontinent. Alle großen sog. Weltreligionen (Judentum, Christentum, Islam, Zoroastrismus/Parsismus, Bahai, Hinduismus, Buddhismus, Jainismus, Sikhismus, Konfuzianismus, Daoismus, Shintoismus) sind in Asien entstanden. Diese religiöse Produktivität lässt sich auch schon vorher erkennen: in Indien, China, Japan, Mesopotamien und bei den Hethitern, die alle im Folgenden kurz vorgestellt werden. Zentralasiatisches und iranisches Gedankengut wird dabei nicht zur Darstellung kommen. Ersteres findet eine kurze Erwähnung unter den traditionellen Stammes- und Naturreligionen, letzteres wird im Zusammenhang mit Zoroastrismus/Parsismus behandelt werden.

1. Indien

Aus vorvedischer Zeit ist uns in Indien eine ganz spezielle Kultur bekannt, die im Industal (heutiges Pakistan) beheimatet ist und oft nach den beiden Hauptfundorten Mohenjo Daro oder Harappa benannt wird. Die Hochblüte dieser Kultur liegt zwischen 2500 und 1700 v.u.Z. Obwohl diese Kultur schriftliche Zeugnisse hinterlassen hat, ist die Forschung bis heute ausschließlich auf archäologische Deutungen angewiesen, weil alle Versuche, die Texte zu entziffern, bislang gescheitert sind. Somit bleiben allein die Funde als Auskunftsquelle übrig.

Die Funde sind Siegel, kleine Statuen, Grabstätten und Grabbeilagen. Vieles davon deutet darauf hin, dass eine Art große Mutter verehrt wurde, deren Verehrung vielleicht später in die indische Bhakti-Frömmigkeit übergegangen ist. Daneben gab es Tierdarstellungen, die manche Autoren veranlassen, von einem Totemismus in dieser Frühzeit zu sprechen. Andere gehen nicht so weit, vermuten aber, dass diese Tierdarstellungen einen Bezug zum Kult und zur Verehrung von Gottheiten gehabt haben. Am sichersten sind sich die Interpreten hinsichtlich der Deutung von Gräbern und Grabbeigaben, wenn sie darin Hinweise auf Vorstellungen eines Lebens nach dem Tod und teilweise auf einen Ahnenkult sehen, so dass in jedem Fall von kultischen Handlungen und erläuternden Erzählgeschichten (Mythen) ausgegangen werden kann, deren Details bis heute aber ein großes Rätsel sind.

2. China

Die Funde aus vorgeschichtlicher Zeit lassen in China nur wenige Rückschlüsse auf religiöse Vorstellungen und Praktiken der Menschen dieser frühen Zeit zu. Vor allem Schulterblattknochen wie aus späterer Zeit, d.h. aus der Shang-Dynastie (16.–11. Jahrhundert v.u.Z.), deuten darauf hin, dass die Eingravierungen zum Zweck von Orakel-Weissagungen verwendet wurden. Für die Schildkrötenpanzer ist dies sogar direkt belegt, weil sie beschriftet sind und aus diesen frühesten Schriftdokumenten der chinesischen Geschichte deren Bestimmung eindeutig hervorgeht. In welchem Rahmen solche Orakelbefragungen konkret stattfanden, lässt sich jedoch nicht mehr sagen. Die vor allem von Werner Eichhorn[2] vertretene These vom Wuismus, einer Art Schamaninnenkult, ist durch keinerlei Belege abgesichert. Sie muss daher als reine Spekulation bezeichnet werden, die nicht mehr aufrechterhalten werden kann.

Sicher ist dagegen, dass bereits in der Shang-Zeit, also im 2. Jahrtausend v.u.Z. die (königlichen) Ahnen der Shang-Aristokratie verehrt wurden und ihnen Opfer dargebracht worden sind, um ihren Schutz zu erflehen und sie zu bitten,

---

2 Werner Eichhorn: Die Religionen Chinas, Reihe: Religionen der Menschheit, Bd. 21, Stuttgart–Berlin–Köln–Mainz 1973, S. 25ff.

Unheil vom Land abwenden zu helfen. An der Spitze der Götterwelt stand ein „oberster Gott“ oder „Herr in der Höhe“ (*Shangdi*). Daneben gab es Naturgottheiten (z.B. Wind, Regen, Berge, Ströme), die ebenfalls verehrt wurden und dadurch – wie man wohl hoffte – in ihrer Wirkkraft besänftigt werden konnten und mussten.

Eine religiöse Neuerung ist aus der Zhou-Dynastie (11. Jahrhundert–256 v.u.Z.) bekannt. Damals wurde die Verehrung eines höchsten Gottes Tian (Himmel) eingeführt, mit dem dann Shangdi identifiziert worden ist. Wie die irdische Welt hatte somit auch der Himmel über den Menschen eine stark hierarchische Ordnung, an deren Spitze auf Erden der Kaiser und über ihm in der Götterwelt Tian stand.

Neben diesen Zentralmächten gibt es weiterhin und eigentlich bis ins 20. Jahrhundert – regional und auf ihre Zuständigkeitsbereiche bezogen – die Verehrung der Naturgottheiten sowie den Ahnenkult. Dies war die Religion des Volkes, die parallel zum offiziellen Staatskult die Jahrtausende überdauerte und offensichtlich die religiösen Bedürfnisse der einfachen Leute völlig befriedigte.

3. Japan

Die ältesten Zeugnisse der japanischen Kultur sind zwei Mythensammlungen: die „Aufzeichnungen alter Geschehnisse“ (*Kojiki*) von 712 u.Z. und die „Annalen Japans“ (*Nihon shoki*) von 720 u.Z. Sie erzählen die Entstehung der Gottheiten und der Welt, vor allem der verschiedenen Inseln Japans und der Sonnengottheit Amaterasu, sowie die Herkunft der kaiserlichen Dynastie. Im Vordergrund stehen die Riten der Verehrung. Obwohl die Texte sich der chinesischen Schrift bedienen und somit Zeugnisse eines intensiven kulturellen Austausches mit China sind, geht die Forschung davon aus, dass in diesen Mythensammlungen alte Traditionen erhalten geblieben sind, die zum eigentlichen Erzählbestand Japans gehören.

Schlüsselbegriff zur Bezeichnung der Gottheiten ist das Wort *kami*. Es bezeichnet „etwas, dem eine außergewöhnliche, Ehrfurcht einflößende Kraft innewohnt. An sich ist diese Kraft geheimnisvoll, unsichtbar und unpersönlich, doch kann sie sich in Dingen der Natur (z.B. dem Donner, einem mächtigen Baum, einem Berg oder einem Tier) oder auch in einer menschlichen Form, etwa eines ehrwürdigen Greises oder eines kleinen Kindes, offenbaren. [...] Ein *kami* kann gut und für die Menschen hilfreich sein, kann sich aber auch als eine Schaden bringende Kraft offenbaren, wenn etwa seine Riten nicht eingehalten oder ein ihm heiliger Ort profaniert wird.“[3] Auf diese Weise hat sich „der Weg der *kami*“, in seiner chinesischen Lesweise der *Shinto*, bis heute in Japan erhalten. Er entspricht sicherlich dem Lebensgefühl der Japaner, die durch speiende Vulkane

3 Religionen und Kulturen der Erde, S. 196.

sowie häufige Erd- und Seebeben erfahren, wie unberechenbar die Natur ist. Es liegt von daher nahe, in den Naturgewalten geheimnisvolle Kräfte zu sehen, die beruhigt werden müssen, wenn sie nicht zum Schaden der Menschen wirksam werden sollen.

Die Mythen erzählen auch von der Totenwelt und dem Versuch Izanagis, die tote Izanami wieder in das Reich der Lebenden zurückzuholen. Der Versuch scheitert, und Izanami wird zu einem Furcht gebietenden *kami*.

4. Mesopotamien

Das Land „zwischen den beiden Strömen" (griech.: Mesopotamien = Zweistromland) Euphrat und Tigris ist über drei Jahrtausende (4.–1. Jahrtausend v.u.Z.) recht gut durch schriftliche Dokumente in seiner kulturellen, sozialen, politischen und religiösen Entwicklung erkennbar. Typisch für die Region ist die große Zahl von Einwanderungen und die damit verbundene Abfolge von Völkern (z.B. Sumerer, Akkader, Assyrer, Babylonier, Aramäer, Chaldäer), die alle sprachlich und vorstellungsmäßig ihre Spuren hinterlassen haben. Die Multikulturalität war teilweise so groß, dass sich die Menschen untereinander nicht mehr verständigen konnten. Eine Erinnerung daran bietet die biblische Geschichte vom Turmbau zu Babel (vgl. Gen 11), zu deren historischem Hintergrund die Tatsache gehören mag, dass ca. 2500 v.u.Z. die Bevölkerung von Babylon (in der Nähe des heutigen Bagdad im Irak gelegen) neunsprachig gewesen ist. Die Kommunikation zwischen den verschiedenen Volksgruppen war damals ohne Dolmetscher unmöglich.

Attraktiv war das Zweistromland aufgrund seiner reichen Vegetation, die allerdings auch durch Überschwemmungen immer wieder gefährdet war. Der Reichtum an Feldfrüchten förderte den Handel und bot die Chance, auf diese Weise an fehlende Rohstoffe zu kommen. Die Menschen lebten in befestigten Städten. Um 2300 v.u.Z. gelang es Sargon von Akkad, die verschiedenen Stadtstaaten in einem Großreich zusammenzufassen und zentral zu regieren. Weitere Großreiche folgten, darunter das von König Hammurapi (1728–1686), dem Herrscher von Babylon.

Die verschiedenen Orte und Völkerschaften hatten jeweils unterschiedliche Götter und Göttinnen verehrt, die vom 3. Jahrtausend v.u.Z. an anthropomorphe (d.h. menschenähnliche) Züge trugen. Von der Mitte des 3. Jahrtausend v.u.Z. an sind Versuche belegt, die über 1000 Götter in Listen überschaubar zu machen, indem man verwandtschaftliche Beziehungen zwischen ihnen herstellte, viele in Götterfamilien zusammenfasste und manche so miteinander identifizierte, dass ihre Namen als unterschiedliche Bezeichnungen für ein und dieselbe Gottheit erschienen. Zudem wurde die Welt der Götter der Welt der Menschen dadurch ähnlich, dass Hierarchien zwischen ihnen entstanden und die oberen Götter und Göttinnen von untergeordneten Dienern umgeben waren. Ein reich gefülltes

Pantheon (Götterreich) war auf diese Weise entstanden, dessen große Zahl von Göttern und Göttinnen dank der „Gleichsetzungstheologie" in der Praxis auf eine einigermaßen überschaubare Anzahl von 20 bis 30 Gottheiten reduziert wurde, die unterschiedliche Kompetenzbereiche hatten. Nur einige wenige waren für den gesamten Herrschaftsbereich zuständig.

Zur Überlieferung aus Mesopotamien gehören auch Erzählungen über die Entstehung der Welt (z.B. das *Enuma Elisch*). Kernstück der Weltentstehung ist die Trennung von Himmel und Erde, wobei der Himmel der Welt der Götter und Göttinnen, die Erde den Menschen zugeordnet wird. Im Lauf des 3. Jahrtausends v.u.Z. kommt noch ein dritter Bereich, die Unterwelt, hinzu, so dass die Erde – als Scheibe gedacht – von Wasser umgeben ist. Am Horizont vollzieht sich die Scheidung zwischen der Oberwelt der Götter und Göttinnen einerseits und der Unterwelt des Unheimlichen, des Todes andererseits. Die Dramatik des Todes wird u.a. im *Gilgamesch-Epos* literarisch behandelt und gesagt, dass es von dort kein Zurück gibt.

Aufgabe der Menschen ist es, den „Gottesdienst" zu vollziehen. Der Mensch wird so zum Diener der Götter und Göttinnen, er hat die Freiheit, sich dafür wie auch dagegen zu entscheiden. Allerdings bleibt diese Entscheidung nicht ohne Folgen: Fehlverhalten wird von den Göttern oder Göttinnen diesseitig bestraft (durch Krankheit, Leid, Not), ein den Göttern und Göttinnen wohlgefälliges Verhalten sichert den Schutz durch sie und damit ein gutes Leben auf Erden. Ist die göttliche Unterstützung erst einmal durch menschliches Fehlverhalten verloren gegangen, so können Gebet und Opfer dazu beitragen, den Schutz der Götter und Göttinnen wieder zu erlangen. Auf diese Weise wird die Ethik verhaltenskonstitutiv und zwar im Lauf des 3. Jahrtausends v.u.Z. noch vornehmlich als kollektive Pflichterfüllung, erst später dann auch im Sinn einer individuellen Pflichtenlehre. Für das jenseitige Schicksal ist all dies kaum relevant. Die Unterwelt wird düster gedacht, ein Totengericht wie etwa in Ägypten ist unbekannt.

In Mesopotamien sind in den Städten auch erste Gotteshäuser zu finden, d.h. Tempel, die dem Gottesdienst dienen und in denen eine hierarchisierte Priesterschaft ihren Dienst versieht. Somit ist nicht nur die Gesellschaft insgesamt arbeitsteilig organisiert, die Arbeitsteilung gilt auch für die Religion und bewirkt, dass die Diener der Religion als eigene Gruppierung im öffentlichen Leben eine wichtige Rolle spielen. Sie sind zuständig für den Kult wie für die religiösen Feste, ihr Wissen wird auch eingesetzt zu Weissagungen anlässlich der Zerlegung von Tieren im Rahmen von Tieropfern wie für magische Zwecke. Es ist bezeichnend, dass über alles genaue Aufzeichnungen gemacht werden, um eine empirisch gesicherte Basis für die Weissagungen zu haben.

Neben den Gottheiten gab es noch weitere „Geistwesen", die auf Denkmälern, Großplastiken und Reliefs abgebildet wurden. Sie konnten positive wie negative Funktionen wahrnehmen. Die positiven Geistwesen (Kerube und Genien) sind Mischwesen aus Tier und Mensch und treten als Fürbitter und Mittler, gewissermaßen als „gute“ Schutzgeister zwischen den Menschen und den Gottheiten auf. Das Wirken der negativen Geistwesen, der Dämonen, wird von den Babyloniern in ihrer ausgedehnten Dämonenkunde dargelegt. So waren etwa Krankheit und Sünde oft für sie erkennbare Anzeichen dafür, dass sich ein Dämon eines Menschen bemächtigt hatte. Ein besonderer Priesterstand hatte die Aufgabe, die von Dämonen Besessenen durch Verjagen der bösen Geister von Krankheit und Sünde zu befreien.

Die polytheistische Ausprägung der Religion verliert im Lauf der Zeit an Bedeutung, im 1. Jahrtausend v.u.Z. ist eine Tendenz, die Verehrung auf jeweils eine Gottheit zu konzentrieren (Monolatrie), unverkennbar. Bezeichnenderweise berichtet die Hebräische Bibel, dass Abraham aus dem Land Ur in Mesopotamien stammt. Sicher ist, dass mancher Zug der mesopotamischen Religion auch in den Traditionen des Judentums, Christentums und Islams zu finden ist, weshalb eine solche Geistesverwandtschaft naheliegend ist.

5. Die Hethiter

Als letzte frühe Kultur auf asiatischem Boden soll hier das Hethiterreich erwähnt werden. Es steht als eine Art Oberbegriff für die politische Einheit Kleinasiens (mehr oder weniger das Gebiet der heutigen Türkei) zwischen dem 17. und dem Beginn der 12. Jahrhunderts v.u.Z. Der Oberbegriff verstellt den Blick für die internen Wandlungen über diesen langen Zeitraum hinweg, die sowohl politisch als auch sozial und kulturell-religiös sowie schließlich ethnisch-sprachlich von Bedeutung sind. Dennoch lassen sich einige allgemeine Züge benennen, die mehr oder weniger für den ganzen Zeitraum charakteristisch sind.

Im Vordergrund der Religion stehen zahlreiche Götter und Göttinnen, die unterschiedliche Kompetenzbereiche haben, die wichtigsten Ressorts aber sind die des Wetters und der Sonne. Deshalb haben der Wettergott – unter welchem Namen auch immer – und die Sonne als Gott/Göttin eine zentrale Stellung im Pantheon. Es wird auf diese Weise deutlich, welch hohen Stellenwert die Früchte der Natur für das Wohlergehen der Menschen haben. Dieser Tatsache trägt sowohl die religiöse Praxis in Form von Opfer und Gebet als auch der Festkalender mit der besonderen Betonung des Frühlingsfestes Rechnung.

Wohlergehen im Diesseits gibt es nur, wenn die Gottheiten den Menschen Schutz gewähren. Krankheiten und Notlagen werden daher als Verlust des göttlichen Schutzes gedeutet. Der Grund hierfür wird im Fehlverhalten der Menschen gesucht. Wenn kein Fehlverhalten erkennbar ist, müssen entsprechende Recherchen angestellt werden, um dem unbewussten Fehlverhalten auf die Spur zu kommen und Sühne zu leisten.

Besondere Bedeutung im Umgang mit den Gottheiten kommt dem König als Stellvertreter des Staates zu. Seine Rolle gleicht der eines Oberpriesters, seine Schwächen und insbesondere sein Ableben stellen ganz kritische Gefahrenmomente für die Gemeinschaft dar. Wenn sein Sterben als „Gott werden“ bezeichnet wird, so heißt das nicht, dass er den großen Göttern gleichgestellt wird, sondern dass er die Rolle eines „bevorzugten Ahnen“ im Totenreich einnimmt.

Das Weltbild der Hethiter kennt drei Bereiche: das irdische Diesseits, das himmlische Jenseits als Welt der Götter/Göttinnen und die Unterwelt. Es scheint, dass sich dieses Weltbild bis in die Architektur der Hauptstadt Hattusa hinein verfolgen lässt: „Der Palast (auf Büyükkale) als irdisches Diesseits, die Oberstadt mit den zahlreichen Tempeln als himmlisches Jenseits und der topographisch dazwischenliegende Kultbezirk mit einem heiligen Teich als Übergang von der diesseitigen Welt zum unterirdischen Jenseits.“[4]

Die Hethiter zeigen auf anschauliche Weise, welche Funktion Religion in einer Agrargesellschaft hat: sie soll das diesseitige Wohlergehen der Menschen garantieren. Dazu bedarf es der Unterstützung der Himmlischen (Götter/Göttinnen), alle eventuellen Störfaktoren (Verärgerung der Gottheit durch menschliches Fehlverhalten, Schwächung der Leistungsfähigkeit des Königs infolge von Krankheit und Tod) müssen klar erkannt und durch entsprechende religiöse Gegenmaßnahmen (Riten, Opfer, Gebete, Sühne) wettgemacht werden, damit die Welt wieder in Ordnung ist.

Afrika

Für viele Afrikaner südlich der Sahara ist Ägypten kulturgeschichtlich so etwas wie Griechenland für die Europäer, d.h. eine erste kulturelle Hochblüte in ihrem Kontinent. Obwohl die Wiege der heutigen Menschheit in Afrika liegt, sind die meisten frühen Kulturen – sieht man einmal von Ägypten ab – in anderen Kontinenten entstanden. Was ansonsten in Afrika kulturell und religiös zu finden ist, gehört entweder zur griechisch-römischen Kultur in Nordafrika bzw. später zur jüdisch-christlich-islamischen Kultur, oder es ist südlich der Sahara den traditionellen Stammes- und Naturreligionen zuzuordnen, die in einem eigenen Abschnitt angesprochen werden, so dass sich die Darstellung früher Kulturen bezüglich Afrikas auf das alte Ägypten beschränkt, das geographisch zwar in Afrika liegt, kulturgeschichtlich aber in den Gesamtkomplex von Mesopotamien und den Hethitern, später sogar mit den Persern, den Griechen und den Römern gehört, mit denen sich Ägypten vielfach militärisch wie kulturell auseinander setzen musste.

---

4 Handbuch Religionswissenschaft, S. 146.

Ägypten

In der mehr als Dreieinhalbjahrtausende währenden Geschichte des pharaonischen Ägypten (von ca. 3150 v.u.Z. bis ca. 350 u.Z.) hat die Religion verschiedene Stadien durchlaufen, die es gestatten, sogar von den Religionen statt der Religion in Alt-Ägypten zu sprechen. Dennoch gibt es charakteristische Züge, die mehr oder weniger durch alle Jahrhunderte hindurch relevant bleiben: die Gottesvorstellung, die Ethik und der Jenseitsglaube.

Die Gottesvorstellung ist – bis auf die kurze Zeit unter König Echnaton (1365–1346) – polytheistisch, wobei anders als in Mesopotamien durchaus auch Tiere unter den Gottheiten anzutreffen sind. So „stellten sich die Rinderzüchter das Himmelsgewölbe als Kuh vor, während sich die Schweinezüchter in Mittelägypten den Himmel mit seinen Gestirnen als Muttersau mit ihren Frischlingen dachten."[5] Die Tierdarstellungen hatten wohl die Bewunderung der Bevölkerung für Fähigkeiten (z.B. Fliegen, Stärke), die die Menschen nicht hatten, ebenso sehr zum Ausdruck gebracht wie deren Angst vor dieser Überlegenheit. „Für die Ägypter ist die Welt ein Handlungszusammenhang, und sie sehen ihre wichtigste Aufgabe darin, ihn mitwirkend in Gang zu halten. Dieser Inganghaltung der Welt dienen die Riten. Dass die Sonne jeden Morgen aufgeht, der Mond zu- und abnimmt, die Sterne ihre Bahnen einhalten, der Nil jedes Jahr über seine Ufer tritt und die Felder befruchtet, die Vegetation sich im Jahreszyklus erneuert, war für sie ebenso wenig selbstverständlich wie dass es dem Pharao gelingt, seine Feinde zu besiegen und im Lande für Frieden und Gerechtigkeit zu sorgen, dass Menschen und Tiere nicht den Seuchen zum Opfer fallen und dass das Leben sich über den Tod hinaus in anderen Formen fortsetzt. Das alles bildet in den Augen der Ägypter einen Gesamtzusammenhang, der durch unablässige rituelle Unterstützung in Gang gehalten werden musste. Die kosmischen Zyklen, die Prozesse der irdischen Natur, die Wohlfahrt des Staates, das Gelingen des menschlichen Lebens und das Schicksal der Toten spiegelten und beeinflussten sich gegenseitig, und die Riten dienten dazu, die irdische Welt der Menschen in die kosmische Welt der Götter zu integrieren."[6]

Lokal wie überregional für das ganze Land galt, dass die Riten dazu da waren, ein Geben und Nehmen zu garantieren, wovon Wohl und Weh aller abhing. Das Geben bestand im Vollzug des Ritus mit den entsprechenden priesterlichen Darreichungen, das Nehmen bestand im Erhalt der göttlichen Segensgüter. Die überlieferten Texte machen klar, wie konkret das Geben und Nehmen gedacht war und entsprechend praktiziert wurde. So ist es nur konsequent, dass je nach Zuständigkeitsressort der Gottheit lokale Priester als Akteure ausreichten, bei Gottheiten dagegen mit weitreichenden Vollmachten der König, d.h. der Pharao

5 Religionen und Kulturen der Erde, S. 16.

6 Handbuch Religionswissenschaft, S. 106.

selbst aktiv werden musste und als oberster Priester fungierte. Aufgabe des Pharao war es auch, in göttlichem Auftrag die rechte Ordnung auf Erden durchzusetzen, wie es ein alter Text darlegt:

> „Re (der Sonnen- und Schöpfergott) hat den König eingesetzt auf der Erde der Lebenden
> für immer und ewig, um die Ma'at zu verwirklichen und das Unrecht zu vertreiben,
> den Menschen Recht zu sprechen und die Götter zufriedenzustellen.
> Er gibt den Göttern Gottesopfer und den Verklärten Totenopfer."[7]

Mit Ma'at ist die Wahrheit – Gerechtigkeit – Ordnung gemeint, ihr steht als Gegenbegriff Isfet, d.h. Lüge – Unrecht – Chaos gegenüber. Somit ist der König nicht nur den Göttern verpflichtet, sondern er ist auch der Hüter der Ordnung, die nicht von ihm aufgestellt ist, sondern von den Göttern stammt. Kein Mensch verfügt folglich über sie, alle müssen sich ihr fügen, und tun sie dies nicht, so zieht das Fehlverhalten unmittelbar die Strafe nach sich. Unordnung und Chaos sind die Folgen. Zum ersten Mal in der Geschichte der Menschheit wird damit gesagt, dass Unglück im Leben der Gemeinschaft wie später eines jeden Einzelnen unmittelbare Folge von Fehlverhalten ist. Somit gilt: Ein jeder ist seines Glückes Schmied. Wem Unglück widerfährt, der hat nicht einfach Pech gehabt, sondern muss es sich aufgrund des eigenen Verhaltens selbst zuschreiben. Wenn Gott in diesem Sinn nun die Treuen belohnt und die Missetäter bestraft, dann folgt daraus, „dass man sein Leben dem Willen Gottes unterordnet und sich in all seinem Tun und Lassen dem göttlichen Urteil verantwortlich weiß. Aus diesem Bewusstsein entspringt auch ein neuartiges Schuldgefühl. Nur aus der Ramessidenzeit sind Stelen bekannt, die in Erfüllung eines Gelübdes aufgestellt wurden von Menschen, die eine persönliche Notlage, meist Krankheit, als Strafe einer erzürnten Gottheit ausdeuten. Die Aufstellung einer Stele mit dem öffentlichen Bekenntnis der Schuld, dem Lob der Gottheit und der Verkündung der erfahrenen Strafgewalt soll die Gottheit versöhnen."[8] Entscheidung und Verantwortung werden somit konstitutiv für das menschliche Verhalten angesichts einer Ordnung von Verhaltensregeln (Ethik), die nicht kollektiven oder persönlichen und schon gar nicht herrscherlichen Präferenzen entsprechen, sondern – wie es in dem oben zitierten Text heißt – „für immer und ewig" gültig sind.

„Für immer und ewig" deutet auch an, dass das Einhalten der Regeln nicht nur im Diesseits sondern auch im Jenseits seine Gültigkeit hat. Was zunächst nur für den Pharao vorgesehen war, wurde im Mittleren Reich (2010–1785) auf die Angehörigen der königlichen Familie und die elitäre Oberschicht ausgeweitet,

---

7 Zit. n. Handbuch Religionswissenschaft, S. 104.

8 Handbuch Religionswissenschaft, S. 114.

bis es schließlich im Neuen Reich (1540–1070) zur Gewissheit für alle Verstorbenen geworden ist: Der Mensch muss sich nach dem Tod einem Gericht stellen, bei dem alle Verfehlungen in eine Waagschale gelegt und gegen die Ma'at (die personifizierte Gerechtigkeit) in der anderen Waagschale aufgewogen werden. Vom Ausgang dieses Totengerichts hängt es ab, ob der endgültige Tod oder eine Zeit der Buße in einem Messersee oder einer Feuerhölle bis zur vollständigen „Reinigung" oder für die ganz Reinen, d.h. die „Gerechtfertigten", die Aufnahme in das Reich des Osiris folgen wird. Ein wesentlicher Bestandteil der Totenriten besteht in Anweisungen für das Totengericht, damit die Verstorbenen die richtigen Antworten geben und das ersehnte himmlische Reich des Osiris erlangen.

Europa

„Europa ist der aktivste, dynamischste Kontinent unseres Globus, aber zugleich der religiös unproduktivste. Es hat seine Religionen schon immer aus dem Osten bezogen. Nicht nur für das Christentum, sondern für die Gesamtbewegung der Religionsgeschichte gilt: ex oriente lux."[9] Tatsächlich sind alle großen Religionen, die Europa aufzuweisen hat: das Judentum, das Christentum, der Islam sowie neuerdings auch Hinduismus, Buddhismus, Sikhismus und Bahai, in Asien entstanden und als Import nach Europa gekommen, doch gilt andererseits auch, dass es nicht nur in vorgeschichtlicher Zeit, sondern auch bei den Kelten, Germanen, Slawen, Balten, Finn-Ugriern, Etruskern, Griechen und Römern – um nur diese zu nennen – Vorstellungen von Religion gab, die im Folgenden in gebotener Kürze angesprochen werden sollen.

1. Die Kelten

Kelten ist ein Sammelbegriff für eine große Zahl von Stämmen und Völkern der indoeuropäischen Sprachfamilie, die vom 7. Jahrhundert v.u.Z. bis zu ihrer Christianisierung weite Gebiete Europas bevölkerten, von Nordspanien über Frankreich und Großbritannien bzw. Irland bis nach Böhmen und darüber hinaus nach Osten. Ihr Ausbreitungsgebiet überschritt sogar den europäischen Raum, wie die in Kleinasien (heute Türkei) beheimateten Galater (eine gräzisiserte Form für „Kelten") belegen, an die Paulus einen seiner Briefe richtet, der im Neuen Testament der Christen überliefert ist.

Das große Ausbreitungsgebiet und der lange Zeitraum ihres kulturell-politischen Wirkens legen die Vermutung nahe, dass die Kelten unterschiedliche Dialekte (Sprachen) sprachen, wohl auch unterschiedliche Vorstellungen in Reli-

---

9 Ernst Benz: Neue Religionen, Stuttgart 1971, S. 9. „Ex oriente lux" heißt: „Das Licht kommt aus dem Orient/Osten".

gion, Riten und Brauchtum hatten sowie im Lauf der Zeiten unterschiedliche Entwicklungen durchgemacht haben, die es unwahrscheinlich erscheinen lassen, dass es „die Religion“ der Kelten überhaupt gegeben hat. Vielmehr dürften sie unterschiedliche Religionspraktiken ausgeübt haben.

Für unsere Kenntnisse über die Kelten kommen vor allem drei Quellen in Frage: archäologische Funde, Berichte über sie und Überlieferungen von ihnen. Die archäologischen Zeugnisse umfassen Kultstätten mit entsprechenden Instrumenten, die für rituelle Handlungen verwendet wurden, Grabstätten mit entsprechenden Grabbeigaben, Wohnsiedlungen und Kunstgegenstände. Die klare Scheidung zwischen rituellen und künstlerischen Gegenständen ist dabei nicht leicht durchzuführen. Zu den Zeugnissen über die Kelten gehören vor allem Reiseberichte griechischer und römischer Autoren, die oft recht ausführlich – wenn auch nicht immer zuverlässig – über keltisches Leben und Denken Auskunft geben. Einer der detailliertesten Berichte in diesem Zusammenhang ist im „Gallischen Krieg“ von Julius Caesar (100–44 v.u.Z.) enthalten. In diesen Berichten ist oft das interpretative Vorverständnis der Autoren so ausschlaggebend, dass bisweilen auch Tatsachen nicht korrekt wiedergegeben werden, so wenn beispielsweise keltische Gottheiten mit römischen gleichgesetzt werden und dadurch der Eindruck erweckt wird, es handele sich um dieselbe Gottheit mit unterschiedlichen Namen, obwohl vielleicht ganz andere Aspekte eine Rolle spielen, die auf diese Weise nicht zur Sprache kommen. Ähnliches gilt auch für die Überlieferungen von Kelten, die in den mythischen Erzählungen aus Großbritannien und Irland vorliegen. Diese wurden zu einer Zeit aufgeschrieben, in der christliches Gedankengut bereits in ihrer Umgebung wichtig geworden war, was möglicherweise die Art der Darstellung des eigenen Glaubens mit beeinflusst hat. Hinzu kommt schließlich, dass auch die archäologischen Funde allein nicht immer so aussagekräftig sind, dass sie sicheres Wissen vermitteln. Sie stellen vielmehr eine Interpretation unter mehreren Interpretationsmöglichkeiten dar.

Trotz aller Einschränkungen hinsichtlich der Sicherheit von Interpretationsaussagen sowie angesichts möglicherweise großer Variationen in Zeit und Raum lassen sich einige allgemeine Aussagen machen. Sie betreffen die Götterwelt, die Mythologie, die Riten, die Jenseitsvorstellungen, die Kultstätten und das Kultpersonal.

Die Götterwelt war in vielerlei Hinsicht differenziert. Es gab Muttergottheiten, Vatergottheiten, Götterpaare und Götterdreiheiten. Viele Götter waren lokal oder regional von Bedeutung, hatten aber keine darüber hinausgehende Bedeutung. Es gab Flussgottheiten, Kriegsgottheiten (weibliche wie männliche), Handwerkergottheiten. Götter wurden stets mit menschlichen Zügen (anthropomorph) dargestellt, wobei in der Ikonographie einzelnen Gottheiten bestimmte Tiere (z.B. Bär, Stier, Schwein) beigeordnet wurden. Wie die Welt der Menschen wurde auch die Welt der Gottheiten als durch familiäre Beziehungen geprägt angesehen. Die etymologische Deutung der Götternamen führt dabei nicht immer weiter. Sie suggeriert in manchen Fällen, dass Götternamen letztlich Personifizierungen von Naturkräften (z.B. Sonne, Mond, Regen, Blitz) oder Sozialinstitutionen (z.B. Eid, Vertrag, Schwur) seien, doch lässt sich dies nicht konsequent durchhalten.

Die Mythen, die von den Inselkelten, d.h. aus Großbritannien und Irland, stammen, eignen sich zwar kaum zur Erforschung der religiösen Vorstellungen, sie geben aber Auskunft über das Leben und die Verhaltensweisen der Menschen: den Ursprung der Kelten und wie sie die Inseln erobert haben, die Wahl und Rolle des Königs bzw. Stammesführers, die Initiation und heroischen Taten von Kriegern, verschiedene Reisen und manch anderes mehr. Diese Bezugsgrößen dienen zugleich in methodologischer Hinsicht als Kriterien für die Forschung: Was der Welt dieser Menschen nicht entspricht, scheidet aus; was gut passt, wird als authentische Überlieferung beibehalten. Auf diese Weise wird eine Scheidung zwischen Ursprünglichem und später durch christliche Mission Eingebrachtem möglich, wenn dies auch nicht immer ganz sicher entscheidbar ist. Dazu gehören Sagen von tabu-ähnlichen Vorschriften, die die Handlungsfreiheit des Helden einengen, oder die Idee einer Jenseitswelt, in der die Helden die ewige Jugend genießen.

Die Riten sind in den meisten antiken wie heutigen Darstellungen im Zusammenhang mit den Opfern beschrieben. Besonders breiten Raum nimmt in den griechisch-römischen Schilderungen das Menschenopfer ein. Ob es derartige Menschenopfer bei den Kelten gegeben hat, ist heute umstritten. Als einziger Beleg ist dafür eine Moorleiche zu nennen, die 1984 in Lindow Moss bei Wilmslow in Cheshire entdeckt wurde. Deren Untersuchung ergab, dass der Tod durch Erschlagen, Erdrosseln und Durchschneiden der Kehle eingetreten ist, ein dreifacher Tod also, möglicherweise als Bestrafung. Nicht umstritten ist dagegen die Existenz von Tier- und Sachopfern. Knochenfunde belegen, dass ausschließlich Haustiere wie Rinder, Schafe, Schweine, Hunde und Pferde geopfert wurden. Vielfach wurde das Fleisch von Opfertieren während der Feier selbst von den Anwesenden oder einigen Vertretern unter ihnen verspeist, in anderen Fällen wurden die Tiere an besonderer Stätte ganz der Verwesung übergeben. In den Bereich der Sachopfer gehört für Krieger die Opferung gegnerischer Waffen. Andere Sachopfer waren Keramiken oder Schmuckgegenstände, nicht selten wurden diese im Rahmen des Ritus zerstört. Deshalb ist in vielen konkreten Fällen nicht eindeutig zu sagen, ob es sich bei den zerbrochenen Gegenständen um rituelle Opfer oder andere Formen der Zerstörung gehandelt hat. All diese Opfer, so glaubt man heute, wurden von Gebeten umrahmt, sie dienten als Bitt- und Dankopfer, als Sühneopfer und bisweilen als Bauopfer, um die Festigkeit des Fundamentes eines Gebäudes durch ein solches Opfer zu garantieren. Caesar berichtet als einziger noch von einem speziellen Opfer in der Totenfolge. Danach sollen Ehepartner, Verwandte oder Angehörige der Dienerschaft dem Toten (freiwillig oder gezwungen?) in den Tod gefolgt sein. Schließlich gibt es noch eine weitere Kategorie von Opfern, die divinatorischen Opfer, die zum Zwecke der Weissagung durchgeführt wurden.

Die Jenseitsvorstellungen sind nur indirekt zu erschließen. Aufgrund der Grabbeigaben ist ein Glaube an das Weiterleben der Toten zu vermuten, möglicherweise auch, dass sie weiterhin mit den Lebenden eine Gemeinschaft bildeten. Schadenabwendende Amulette und schützende Talismane weisen darauf hin, dass auch die jenseitige Welt nicht ohne Gefahren war, andererseits lässt die Nähe der Gräber bei den Siedlungen der Menschen auf eine enge Verbindung zwischen beiden Welten schließen. Die Vorstellung einer Seelenwanderung, von der schon antike Schriftsteller mit Blick auf die Kelten berichten, lässt sich durch nichts konkret belegen und ist daher heute heftig umstritten.

Kultstätten sind Opferplätze, Heiligtümer und Kultbilder. Die Opferplätze befinden sich meist an besonders markanten Stellen in der Landschaft, wobei das Versenken der Opfergaben in Seen, Mooren oder Flüssen eine lange Tradition hat. Die Tempel sind Versammlungsplätze der Gemeinde, nichts deutet darauf hin, dass es sich dabei um Wohnorte für Gottheiten handelt. Die Deutung anthropomorpher Kultbilder, die auch lateinische und griechische Reisende bei den Kelten gesehen haben, ist schwierig. Es bleibt bislang unklar, ob es sich bei diesen Stein- oder Holzfiguren um Gottheiten oder Ahnen handelt.

Als Kultpersonal werden meist die Druiden angeführt. Sie sollen vor allem mit der Mantik (Seherkunst, Weissagung) vertraut gewesen sein, aus Kleinasien sind jedoch keinerlei Überlieferungen dieser Art bekannt. Welche Rolle die Druiden wirklich gespielt haben, ist gegenwärtig nicht sicher zu sagen, das meiste, was darüber in der Antike wie in der Neuzeit gesagt und geschrieben wurde, beruht auf einer Keltenideologie, deren historische Zuverlässigkeit mehr als fragwürdig ist.

2. Die Germanen

„Germanen“ ist ein Sammelbegriff für eine Vielzahl von Stämmen und Völkern indo-europäischer Herkunft, die in der Jungsteinzeit und frühen Bronzezeit nach Nordeuropa und von dort nach Mittel- und Südeuropa eingewandert sind. „Wir unterscheiden drei große Sprachfamilien: a) zu den nordgermanischen Sprachen gehören: Norwegisch, Isländisch, Dänisch und Schwedisch. b) Zu den ostgermanischen Sprachen gehören: Gotisch, Vandalisch, Burgundisch. c) Und zu den westgermanischen Sprachen gehören: Altfriesisch, Angelsächsisch, Altsächsisch, Altfränkisch, Langobardisch und Althochdeutsch.“[10]

Unser Wissen über die Vorstellungen der Germanen stammt vornehmlich aus den Berichten antiker Schriftsteller sowie aus den in späterer Zeit aufgezeichneten Mythen. Danach gab es eine Welt der Götter (*Asgard*), ihr gegenüber die

[10] Religionen und Kulturen der Erde, S. 55.

Welt der Menschen (*Midgard*) und am Rande des Ganzen die Welt der Riesen (*Utgard*). All diese Welten waren miteinander durch den Weltenbaum (*Yggdrasill*), eine Esche, verbunden, deren Spitze bis zur Welt der Götter hinaufreichte, während die Wurzeln tief im Erdreich die Totenwelt berührten, in der Eis und Kälte herrschten.

Verehrung genossen die Vorfahren und unter den Lebenden der König, der als Abkömmling eines Schutzgottes galt. Daneben spielte die Verehrung der Götter eine wichtige Rolle. Zwei Göttergeschlechter sind dabei von Belang: die Asen, meist kriegerische Gottheiten, darunter Odin, Thor und Balder, die sich durch das Essen von Äpfeln jung erhielten, um nicht zu sterben, und die Vanen, meist Fruchtbarkeitsgottheiten und Schutzgötter der Bauern, Seefahrer und Fischer. Sie beherrschten auch den Zauber. Dieser war wichtig für die Priester, die nicht zufällig „Abwehrer" oder „Opferer" hießen, die Priesterinnen wurden „Ruferinnen" genannt. Ihnen allen oblag es, Schädliches abzuwehren und um Schutz und Unterstützung zu bitten. Überall sah man nämlich Kräfte am Werk, positive wie die Gottheiten oder negative wie die Riesen und andere Geistwesen (Wichte, Zwerge, Elfen), ganz zu schweigen von den Naturkräften (Sonne, Wind, Blitz). Sie alle wurden in die Riten und Opfer einbezogen. Auch die Feste entsprachen diesem Bezugsrahmen, wie die Feiern der beiden Sonnenwenden im Jahresverlauf sowie allmonatlich die Feier des Vollmondes eindrucksvoll belegen. Wohl und Weh aller Wesen, der Götter wie der Menschen, hing von den Schicksalsmächten, den Nornen, ab. Bei allen Feiern gab es Met, der „Unsterblichkeit" bewirken sollte. Geopfert wurden Tiere (bei den Kriegern vor allem Pferde). Der Kult des Feuers diente der Anrufung der Götter, insbesondere der „Feuermutter", die den Menschen gute Gaben bringen sollte.

3. Die Slawen

Die Slawen sind Indo-Europäer, die aus Asien nach Osteuropa einwanderten und von da aus weiter nach Westen bis zu den Ostalpen und zur Elbe vordrangen. Die Einwanderungen waren weitgehend abgeschlossen, als vom 7. Jahrhundert an die Christianisierung einsetzte. Verschiedene Stämme und Sprachen sind zu unterscheiden: im Osten die Ostslawen (Russen, Ukrainer), im Westen die Westslawen (Slowaken, Tschechen, Polen) und im Süden die Südslawen (Kroaten, Serben, Slowenen). Als Folge der Christianisierung – im Osten durch die byzantinische Kirche, im Westen durch die römische Christenheit – verwenden sie bis heute zwei verschiedene Schriftsysteme: die kyrillische Schrift im Osten, die lateinische im Westen. Archäologische Funde sowie schriftliche Quellen aus der Zeit während und nach der Christianisierung geben über ihre vorchristlichen Vorstellungen Auskunft.

„Die Mythologie zeigt uns eine alte Naturreligion, in der die Sonne, der Mond, die Gestirne, das Feuer und der Wind als göttliche Wesen verehrt wurden.

Die Kultorte lagen an Quellen, an Flüssen und Seen, sowie in heiligen Hainen. Reste der Tempel (z.B. Kap Arkona auf Rügen) wurden ausgegraben. Statuen von Göttern wurden nicht gefunden. Die Menschen glaubten an viele göttliche Wesen, die ihr Leben begleiten, an unsichtbare Kräfte und an böse Dämonen. Durch Riten und Opfer wollten sie auf diese Kräfte Einfluss gewinnen."[11]

Neben den göttlichen Wesen spielten die Ahnen eine große Rolle. Ihre Seelen hatten in jedem Haus einen festen Platz, ihnen stellte man Essen und Getränke hin, um sie bei guter Laune zu halten und sicherzustellen, dass sie zum Schutz der Sippe aktiv waren. Vernachlässigte Ahnen, so glaubte man, würden sich rächen und Unglück über die Nachkommen bringen. Daher waren auch die richtig durchgeführten Bestattungsrituale von großer Bedeutung, damit die Verstorbenen wirklich zur Ruhe kämen und nicht als „Wiedergänger" die Nachkommen belästigten.

Es scheint, dass die Menschen als Viehzüchter und Ackerbauern ihre Umgebung als eine Welt voller Gefahren erlebten und sich aller möglichen Schutzmaßnahmen bedienten, um eine gute Geburt, eine ausreichende Ernte und Schutz vor reißenden Flüssen, Katastrophen und wilden Tieren zu haben bis hin zu einem „ordentlichen" Tod. Man mühte sich um den Schutz der göttlichen Wesen, der Ahnen und der guten Geister und um die Abwehr der bösen Geister sowie anderer schädlicher Einflüsse wie etwa denen durch die „Wiedergänger".

4. Die Balten

Die Balten sind Indo-Europäer. Zu ihnen zählen die Litauer, die Letten und die Altpreußen (Pruzzen). „An den Kultorten wurden Altäre und Opfersteine gefunden; sie lagen an Quellen, an Flüssen und bei heiligen Bäumen. Verehrt wurden die Sonne, der Mond und die Gestirne, Blitz und Donner, aber auch Vögel und Kröten als heilige Tiere. Die Toten wurden verbrannt, doch die Priester sahen aus der Asche eine neue Gestalt aufstehen. Diese ritt dann auf einem Pferd in das Land der Ahnen. Es wurden viele Riten ausgeführt, um die Felder, die Tiere und die Menschen fruchtbar zu machen."[12]

„Bei den Letten werden an die 60 Muttergöttinnen (*Mates* = Mutter) verehrt. Jede hatte einen besonderen Wirkungskreis bei den Menschen; etwa bei der Geburt der Kinder, bei der Aussaat, beim Wachsen des Getreides, bei den Seefahrern und im Schlaf der Menschen. Diese Mütter werden um Schutz und Hilfe in allen Situationen angerufen, besonders im Feuer waren sie den Menschen nahe. Es gab auch göttliche Mütter, die den Menschen die Krankheiten und den frühen Tod brachten (z.B. Pestmutter)."[13]

---

[11] Religionen und Kulturen der Erde, S. 62.

[12] Religionen und Kulturen der Erde, S. 64.

[13] Religionen und Kulturen der Erde, S. 65.

Diese Schilderungen zeigen, wie sehr Religion bei den Balten mit der Agrarkultur verbunden ist, in der sie leben. Ihre Hoffnungen und Ängste nehmen in diesen göttlichen Wesen konkret Gestalt an. Die Riten und Opfer (besonders von Rindern, Hühnern und Pferden) zeigen, dass es sich die Menschen etwas kosten ließen, wenn es darum ging, sich die göttlichen Wesen geneigt zu machen.

5. Die Finn-Ugrier

Die Finn-Ugrier sind keine Indo-Europäer. Sie wanderten aus dem nördlichen Ural nach Finnland, in das Baltikum und nach Ungarn ein. Zu ihren „gehören heute die Finnen, die Esten, die Liven, die Karelier, die Lappen und die Ungarn. Sie waren in der Frühzeit arktische Jäger und Sammler und lebten vom Fischfang. Später lernten sie die Viehzucht und den Ackerbau und wurden sesshaft. Durch die Berührung mit fremden Kulturen nahmen sie viele äußere Einflüsse bei sich auf.“[14]

Die Götter werden um Schutz und um gute Ernte angefleht, sie begegnen den Menschen in der Erde, in Blitz und Donner sowie in den Gestirnen. Viele Götter tragen Symbole (z.B. Axt, Schwert, Pflug, Keule). Viele Mythen erzählen von den Ahnen und ihrem Leben im Totenreich, das als große Wohnung gedacht wird, wo es kalt und dunkel ist. Es wird berichtet, dass auf einer Seelenwaage die Taten der Verstorbenen aus ihrem irdischen Leben gewogen werden, so dass ein Zusammenhang zwischen dem Diesseits und dem Schicksal im Jenseits hergestellt wird. Dieser Zusammenhang gilt auch umgekehrt, wenn Kriegshelden und Häuptlinge nach ihrem Tod um Hilfe für die Lebenden gebeten werden. Man bringt ihnen Opfer dar und hofft, dass sie durch ihre Nähe zu den Göttern den Menschen hilfreich zur Seite stehen werden.

6. Die Etrusker

Bei den Etruskern handelt es sich um eine Bevölkerung unbekannten Ursprunges, die vom 7. Jahrhundert v.u.Z. an in Italien (vor allem in der Toskana, in Kampanien und in der Poebene) einen Städteverbund gründete und das Land beherrschte. Die Herrschaft der Etrusker wurde jedoch bald bedroht von den Kelten im Norden, den Griechen im Süden Italiens und der aufsteigenden Römerherrschaft, so dass ihr Einfluss allmählich zurückgedrängt wurde und ihre Religion vom 4. Jahrhundert an unterging.

In religiöser Hinsicht spielen Tempel als Kultstätten zur Verehrung von Göttern und Gräber für die Verstorbenen einen wichtige Rolle. Obwohl über die Jahrhunderte die religiösen Vorstellungen der Etrusker großen Wandlungen unterworfen waren, lässt sich mit Sicherheit sagen, dass es drei Arten von Göttern

---

[14] Religionen und Kulturen der Erde, S. 66.

gegeben hat: solche mit etruskischen Namen, die von den antiken Schriftstellern mit römischen Göttern gleichgesetzt wurden; solche, die von den italienischen Nachbarn übernommen wurden, und solche, die aufgrund des griechischen Einflusses bei den Etruskern Aufnahme gefunden haben. Als oberster Gott galt *Tinia*, den die Römer mit Iuppiter identifizierten. Seine Gattin war *Uni*, die von den Römern mit Iuno gleichgesetzt wurde. Hinzu kam eine Göttin *Minrva*, in der man später Minerva zu erblicken glaubte. Man glaubte sich von diesen übermächtigen Göttern abhängig und vollzog Riten und Opfer, um sich ihres Schutzes zu versichern und Böses abzuwehren.

Für den Vollzug der Riten gab es eine eigens dafür ausgebildete Priesterschaft. Zu deren besonderen Kenntnissen gehörte auch die Leber- und die Blitzschau sowie die Beobachtung des Vogelfluges. Das Deuten von Tiereingeweiden (insbesondere der Leber) sowie von Naturereignissen war von besonderer Wichtigkeit für die Vorhersage der Zukunft. Die Eingeweidenschauer waren so sehr geschätzt und anerkannt, dass sich selbst die Römer dieser „*haruspices*" gerne und vielfach bedienten.

Die verschiedenen Gräberfunde (Grabkammern mit ihren Totenbetten, Sarkophage, Urnen sowie aus dem Fels gehauene Möbel) deuten auf ausgeprägte Jenseitsvorstellungen hin. Man unterschied zwischen Seele und Körper. Die Seele – so glaubte man – tritt nach dem Tod des Menschen ihre Reise in jenseitige Gefilde an, die je nach den Taten der Menschen voller paradiesischer Freuden oder reich an höllischen Qualen waren.

7. Die Griechen

Die Religion des Alten Griechenland war alles andere als einheitlich. Vielerorts gab es lokale Kulte, ebenso lokal war die Verehrung von Gottheiten. Dennoch weiß man, dass vor allem zwölf *Götter* eine zentrale Rolle für die meisten Hellenen, die die Römer Griechen nannten, gespielt haben: Zeus, Hera, Poseidon, Demeter, Ares, Aphrodite, Artemis, Apollon, Athena, Hermes, Dionysos und Hephaistos. Als Wohnort dieser Götter galt der Olymp, ein Berg im Nordosten Griechenlands. Ihre Geschichte wurde von Homer und Hesiod – beide etwa um 700 v.u.Z. eingeordnet – erzählt. Es ist die Geschichte der Unsterblichen, deren Existenz durch Geburt begonnen hat.

Zeus wurde „Vater aller Götter und Menschen" genannt und war der höchste Gott unter den olympischen Göttern. Diese Stellung errang er sich, nachdem er – der Theogonie Hesiods zufolge – seinen Vater Kronos entmachtet und dadurch das vorhergehende Göttergeschlecht von Kronos und seiner Frau Rhea ebenso abgesetzt hatte, wie diese ihrerseits schon vorher ihrem göttlichen Elternpaar Uranos und Gaia die Herrschaft entzogen hatten. Als Herrscher über den Olymp war Zeus als Wettergott für Regen, Hagel, Schnee und Gewitter verantwortlich. Seine Gemahlin *Hera* (weibliche Form von „Heros") war als „Herrin" die Beschützerin der Ehe. Sie galt als tugendhaft und war rachsüchtig, wenn es um eheliche Untreue – auch bei Zeus – ging. Aus der Ehe mit Zeus gingen drei Kinder hervor: Ares, Hephaistos und Hebe. *Poseidon* war der ältere Bruder des Zeus, ein Meeresgott, der mit seinem Dreizack die Gewässer aufwühlte. Er galt als Urheber der unberechenbaren Naturgewalten, vor allem von Erdbeben und Sturm, und war infolgedessen gefürchtet. *Demeter* war die Göttin des Ackerbaus und Beschützerin der Fruchtbarkeit. Herkunftsmäßig war sie eine Schwester des Zeus. *Ares* war der Kriegsgott. Er feuerte den Kampfesgeist der Griechen an. Er hatte Freude am Blutvergießen und trieb es, selbst unverheiratet, oft mit anderen (verheirateten) Frauen, was ihm nicht immer zum Vorteil gereichte. *Aphrodite* war die Göttin der Liebe. Sie galt als die schönste unter den Göttinnen. Sie war eine Tochter des Zeus, der sie – einigen Quellen zufolge – mit Dione gezeugt hatte. Sie heiratete Hephaistos, war ihm aber des öfteren untreu. *Artemis* war die Tochter von Leto und die Zwillingsschwester von Apollon. Sie war die Göttin der Hirten, Jäger und Bogenschützen, zudem Beschützerin des ungeborenen Lebens und eisern auf den Erhalt ihrer Jungfräulichkeit bedacht. *Apollon* war der Gott der Künste und der Musik, des Bogenschießens und der Medizin. Er beschützte die Hirten vor dem Wolf und schien in früheren Zeiten auch ein Gott der Sonne gewesen zu sein. Hera sann auf Rache und bewirkte, dass Leto die ganze Welt durchstreifen musste, um einen Platz zu finden, an dem sie Apollon zur Welt bringen konnte. *Athena* war eine Tochter des Zeus und der Okeandin Metis. Sie erbte vom Vater die Weisheit und besaß Klugheit und Erfindungsgabe. Ihre verschiedenen Charaktereigenschaften kommen in den unterschiedlichen Namen, die ihr gegeben wurden, gut zum Ausdruck: Athene Ergane (Schutzherrin der Handwerker), Athene Promachos (Göttin des Krieges), Athene Parthenos, Athene Pallas (Göttin der Jungfräulichkeit). Zudem war Athena Beschützerin der Stadt Athen. *Hermes*, ein weiteres uneheliches Kind des Zeus, das er mit der Nymphe Maja gezeugt hatte, war der Götterbote, insbesondere der von Zeus, und zugleich der Beschützer der Reisenden sowie Glücksbringer und Schutzgottheit der Diebe und Kaufleute. Auch unter den Sportlern fand er Verehrung. *Dionysos* war der Gott des Weines, über den viele Geschichten erzählt wurden, darunter auch zahlreiche mit Frauen. Er war in jedem Falle den Freuden und Genüssen des Lebens sehr zugetan. *Hephaistos* war ein Sohn der Hera, der nach einigen Sagen von Hera jungfräulich empfangen, nach anderen – wie oben erwähnt – von Zeus gezeugt worden war. Er war Schmied und aufgrund seines Berufes recht kräftig. Der Sage nach verlor er ein Auge, als während der Bearbeitung des heißen Erzes ein Funke in sein Auge gelangte. Er galt als sehr hässlich, war aber mit der schönsten aller Göttinnen, Aphrodite, verheiratet.

Diese zwölf olympischen Gottheiten sind bei weitem nicht alle aus dem großen Pantheon (Götterhimmel) der Griechen. Allerdings verehrten nicht alle Griechen viele Götter, es gab auch solche, die keine oder nur eine(n) verehrten. Dennoch hat sich, in Anlehnung an den jüdischen Religionsphilosophen Philon von

Alexandrien (20/15 v.u.Z–um 50 u.Z.) durchgesetzt, die Griechen als Verehrer von vielen Göttern (d.h. als Polytheisten) zu bezeichnen, während Philon im Gegensatz dazu die jüdische Religion als Eingottglauben, d.h. als Monotheismus charakterisierte. Dieser Gegensatz war den Griechen der klassischen Zeit nicht geläufig, und vermutlich hätten sie sich, falls sie davon erfahren hätten, auch nicht korrekt eingestuft gesehen. Richtig bleibt allerdings, dass ihre Religion die Existenz von vielen Göttern als unproblematisch empfand und zahlreiche bildhafte Erzählungen (Mythen) darüber im Umlauf waren. Neben den Göttern gab es noch andere übernatürliche Kräfte, die für das Handeln und das Wohlergehen der Menschen eine Bedeutung hatten: die *daimones* und die *Heroen*. Daimones sind geheimnisvolle Mächte, die teils positiv, teils negativ in die Angelegenheiten der Menschen eingreifen konnten und folglich immer mit ins Kalkül genommen werden mussten, wenn menschliches Handeln gelingen sollte. Heroen sind namentlich bekannte oder anonym bleibende Tote aus früheren Zeiten, die bis in die Gegenwart als wirkmächtig gedacht wurden. Ihnen galten ebenso wie den daimones und den Göttern bestimmte Rituale, die alle darauf abzielten, sich des Schutzes dieser Mächte zu versichern, um Schaden von der Gemeinschaft der Lebenden abzuwenden. Von den Heroen war es nur ein kleiner Schritt zu den „vergöttlichten Menschen", die in der Zeit des Hellenismus, vor allem parallel zum neu entstandenen Christentum, in den ersten drei Jahrhunderten u.Z. Verehrung fanden. Der Gedanke, Götter könnten in Menschengestalt auf Erden wandeln, oder Menschen könnten „vergöttlicht" werden, war für dieses Denken durchaus selbstverständlich. Man erwartete von solchen Gestalten, dass sie Wunder vollbrachten, nicht selten wurde auch erzählt, dass sie von einer Jungfrau geboren wurden.

Zur Verehrung von Göttern, daimones und Heroen gab es klar festgelegte Riten. Die Riten waren fest im Leben der Menschen verankert. Sie konnten verschiedene Ausdrucksformen annehmen. Es sind dies Gebete, Prozessionen, Tieropfer, Tänze sowie musikalische und sportliche Wettkämpfe. Meist gab es zur Verwirklichung eigens dafür vorgesehene Plätze. Von besonderer Bedeutung waren dabei Kultstätten (Tempel) und Grabstätten. Theoretisch konnte jeder Ort zur Kultstätte werden, sofern die Menschen ihm eine besondere Bedeutung beimaßen. So findet man derartige Kultstätten in Verbindung mit Quellen, Felsen, besonderen Bäumen u.v.a.m. Wichtig war, dass ein klar abgegrenzter Bezirk entstand, der durch seine Grenzziehung (Steine, Mauer) den heiligen Bezirk von der profanen Umgebung deutlich erkennbar abgrenzte. Derartige Kultstätten gab es für Götter und Heroen. Die von Göttern waren nicht selten monumental, eckig und mit Stufen versehen, die der Heroen oft rund, niedrig und auf dem Boden stehend. Sofern Statuen vorhanden waren, wurden Göttinnen fast immer sitzend, Götter dagegen in kraftvoller, stehender Position dargestellt.

Die Heiligkeit des Ortes wurde noch durch weitere Merkmale zum Ausdruck gebracht. Es gab für die Opfer gewöhnlich einen Altar im heiligen Bezirk. Der heilige Ort galt als *asylon*, d.h. er war ein sicherer Ort für Verfolgte, weil hier die staatlichen Verfolgungsbehörden nicht zugreifen durften. Schließlich war es verboten, am heiligen Ort ein Kind zur Welt zu bringen, sexuellen Verkehr zu haben oder sich zum Sterben niederzulegen. Zur Reinigung vor dem Betreten waren Behältnisse mit Wasser am Eingang des Bezirks aufgestellt. Den Dienst im heiligen Bezirk versahen eigens dafür bestellte Bedienstete, die später im Zuge zunehmender Zentralisierung der Kultorte auch hierarchisch einander zugeordnet waren und somit eine professionelle Priesterschaft darstellten.

Die bislang beschriebenen Formen der griechischen Religion dienten vornehmlich dem Wohlergehen der Menschen, sie befriedigten nur sehr eingeschränkt die religiösen Bedürfnisse des Individuums. Diese wurden in der Zeit des Hellenismus, d.h. vom 3. Jahrhundert v.u.Z. an bis zum 3. Jahrhundert u.Z. immer deutlicher artikuliert. Ihnen entsprach die klassische Religion kaum, erfüllt wurden diese Bedürfnisse dagegen durch orientalische Kulte der Magna Mater, der Isis, des Mithras u.a.m., die im ganzen Mittelmeerraum Verbreitung fanden und als Mysterienreligionen bekannt sind. Auch das frühe Christentum gehört in dieses religiöse Umfeld und verdankt seinen Erfolg u.a. der Tatsache, dass es die Erwartung der Menschen erfüllte, indem es wie die anderen Mysterienreligionen eine „Erlösung“ (*sôtería*) anbot und dieses Angebot mit der Botschaft von einem „Erlöser“ (*sôtêr*), nämlich Jesus Christus (vgl. Lk 2,11), verknüpft hat.

Bei der Darstellung der Religion der Griechen darf nicht übersehen werden, dass parallel zu ihr in Philosophenkreisen massive Kritik laut wurde. „Während der Begründer der eleatischen Philosophenschule Xenophanes (um 565–470 v.u.Z.) Anstoß an der ‚Menschlichkeit‘ der Götter nahm und die These vertrat, dass der Mensch sich Gott nach seinem Bilde geschaffen hätte, setzte der Philosoph und Rhetor Prodikos von Keos (2. Hälfte 5. Jahrhundert v.u.Z.) an der Nützlichkeitserwägung an: Die Menschen hätten die Götter in erster Linie als das verehrt, was für sie am nützlichsten war: Sonne, Mond, Gewässer, außerdem die großen Kulturbringer, die zuerst den Anbau von Wein, Getreide und anderer Naturpflanzen gelehrt hatten. Auf den Schriftsteller Euhemeros von Messene (um 340-360 v.u.Z.) geht die gleichnamige, äußerst wirkungsvolle Deutung des Mythos zurück: Die Götter seien als Wohltäter und Erfinder verdiente Menschen gewesen, die nach ihrem Tod verehrt wurden. Demokrit (460–370 v.u.Z.) vertrat die Ansicht, dass Angst und Schrecken vor Blitz, Donner und Sonnenfinsternissen die Ursprünge von Religion und Göttern gewesen seien.“[15]

---

15 Tworuschka: Als die Welt entstand ..., S. 14.

8. Die Römer

Die meisten Darstellungen der Religion des antiken Griechenlands und Roms betonen die Gemeinsamkeiten zwischen den religiösen Vorstellungen der Griechen und Römer. Dies ist richtig, wenn es darum geht, die Identifizierung von Zeus als oberstem Gott der Griechen mit Iuppiter, dem obersten Gott der Römer bzw. zwischen Hera als Gattin von Zeus und Iuno als Gattin von Iuppiter hervorzuheben. Ganz wird man durch eine solche „Hellenisierung", die bereits in der Antike um sich gegriffen hat, der römischen Religion jedoch nicht gerecht. Entscheidend für sie sind „der Umgang mit den Toten und der Umgang mit den Göttern."[16].

Was den Umgang mit den Toten angeht, so ist die Position nicht ganz klar: Es gibt Hinweise darauf, dass „den Toten eine Fortsetzung einer ortsgebundenen Existenz und eine Fortführung der Sozialstrukturen der Lebenden unterstellt wird" oder dass den Toten eine andere Existenz zugesprochen wird, d.h. dass sie „in Grabinschriften – dominierend erst in der Kaiserzeit – als *di manes* angesprochen werden, als ‚gute Götter'. Das Verhältnis des individuellen Toten zu dem kollektiven Plural der Manen bleibt indes ungeklärt."[17] Damit ist zugleich der Umgang mit den Göttern angesprochen und hierfür gilt: „Eine klare Trennlinie verläuft nicht zwischen Menschen und Göttern. Eine klare Trennlinie verläuft zwischen Unsterblichen – Göttern – und Sterblichen – lebenden Menschen –, dazwischen bleibt nicht vermessenes Terrain."[18]

Die Römer kannten eine Fülle von Unsterblichen, denn neben den Göttern und den Manen gab es noch eine große Zahl anderer Geistwesen (z.B. Dämonen), die alle für das Wohl und Weh der Menschen wichtig waren und durch Riten und Opfer bedacht werden mussten. Das System war damit flexibel genug, um Geistwesen anderer Volksgruppen wie diese selbst ins Römische Reich zu integrieren, solange nicht der Verdacht bestand, dass die jeweilige religiöse Richtung eine Gefahr für das Reich darstellte. Auf diese Weise konnten Familien ihre Traditionen ebenso pflegen wie Sippen (lat.: *gentes*). Der Festkalender zeigt, dass dabei die Anliegen des Friedens mit den Göttern und in der Politik ebenso im Vordergrund standen wie die Erwartungen der Bauern bezüglich einer ertragreichen Ernte. So wurde z.B. am 1. März, dem Neujahrstag des römischen Kalenders, der Kriegsgott Mars angerufen, und es wurden die Waffen geweiht. Am 15. April opferten die Bauern der Erdgöttin Tellus trächtige Kühe (Fest der Fordicidia), die Weinbauern tranken am Fest der Vinalia den jungen Wein, im Juli feierten die Fischer und Seefahrer ihr Opferfest für den Meeresgott Neptun. Auf je eigene Weise stellte der Familienälteste (*paterfamilias*), der Sippenführer und

---

[16] Rüpke: Die Religion der Römer, S. 69.

[17] Beide Zitate bei Rüpke: Die Religion der Römer, S. 70.

[18] Rüpke: Die Religion der Römer, S. 72.

für das ganze Reich der Kaiser somit den Frieden mit den Überirdischen her. Eine arbeitsteilig organisierte Priesterschaft war für die Riten und Opfer zuständig, die Belange des ganzen Reichs wurden in der Kaiserzeit (von 31 v.u.Z. an) vom Kaiser wahrgenommen, der als „oberster Brückenbauer" (lat.: *pontifex maximus*) fungierte und immer mehr in die Nähe der Götter gerückt wurde.

Archäologische Funde von Votivtafeln zeigen, dass die Religion der Römer nicht nur dem Staatsinteresse und dem Kollektiv galt, sondern durchaus auch individuelle Bedürfnisse befriedigte, auch wenn die Belege dafür spärlich sind. Hierher gehören auch die Berichte über Zukunftsprognosen im Zusammenhang mit den Beobachtungen des Vogelflugs oder der Lage der Eingeweide bei Opfertieren am heiligen Ort, wofür die Römer gerne auf die Fachkompetenzen der etruskischen „*haruspices*" zurückgriffen. Dennoch gilt, dass in der Kaiserzeit vor allem orientalische Kulte (z.B. Magna Mater-Kult, Isis-Kult, Mithras-Kult) viele Menschen anzogen und durch ihre Initiationsriten und Mahlfeiern Erlösungsangebote machten, die höchst attraktiv waren. Auch das Christentum hat sich als ein solcher Kult, d.h. als Mysterienreligion, im Römischen Reich ausgebreitet.

Alt-Amerika

Amerika – nach heutiger Unterteilung: Nord-, Mittel- und Südamerika – ist vor der Entdeckung durch Kolumbus (1498) bereits besiedelt gewesen. Mongolide Völkerschaften (Eskimos und Indianer) waren ca. 10 000–8000 v.u.Z. nach Alaska eingewandert. Während sich die Eskimos in den Nordregionen Amerikas niederließen, wanderten die Indianer weiter und kamen so in das Gebiet der heutigen USA, dann nach Mittel- und Südamerika bis nach Feuerland. Sie brachten es gebietsweise zu kultureller Hochblüte, so dass man in Mittel- und Südamerika sogar von eigenen Hochkulturen spricht. Somit gelten als wichtige Kulturen bzw. Religionen für Nordamerika die der Eskimos und der Indianer, für Mittelamerika die mexikanischen Religionen sowie die der Azteken und der Mayas und schließlich für Südamerika die der Inkas.

1. Die Eskimos

Die zu den Mongoliden gehörenden Eskimos (*Algonkin* = Rohfleischesser), die sich selbst *Inuit* (Menschen, Einzahl: *inuk*) nennen, leben als Jäger und Fischer in Alaska (USA), auf Labrador (Kanada) und Grönland. Sie verehren als höchstes Wesen *Sila* oder *Silap inua* („Geist der Luft"). An zweiter Stelle folgt der Mondgott und Herr über die Tiere, der auch Ebbe und Flut bewirkt. Die Sonnengöttin spielt dagegen kaum eine Rolle. Für die grönländischen Eskimos ist noch eine Göttin des Meeres von Bedeutung. Ihr Palast liegt in der Tiefe der See, sie wird angerufen, wenn es an Fischen für den Fang mangelt.

Menschen und Tiere haben eine oder mehrere Seelen, von denen eine nach dem Tod das Leben fortsetzt, sei es in einem der beiden glücklichen Reiche (oben im Himmel oder unten im Meer) oder an einem unheilvollen Aufenthaltsort unmittelbar unter der Erdoberfläche.

Der Kult zielt darauf ab, um Jagderfolg zu bitten und gleichzeitig den Tieren eine gute Behandlung zu versprechen, damit sich ihre Seelen – auch die der gejagten Tiere – nach dem Tod nicht bei anderen Tieren oder den Geistern über die jagenden Menschen beschweren.

Für den Kult zuständig sind die Schamanen, die mit Hilfe der *tunarak*, der Hilfsgeister, über übermenschliche Macht verfügen. Sie erforschen das Schicksal und helfen in Krankheitsfällen.

2. Die Indianer

„Indianer" ist ein Sammelbegriff für ca. 370 größere Stämme und Völkerschaften mit 150 verschiedenen Sprachen. Die Lebensweisen sind je nach geographischer Verbreitung sehr verschieden, sie reichen von der Anpassung an das ewige Eis bis zum Leben in tropischen Gefilden.

So verschieden wie die Lebensformen und Sprachen sind auch die Mythen und Namen für höhere Wesen. Es gibt Stämme mit einer höchsten männlichen Gottheit, andere mit einer höchsten weiblichen Gottheit. Die Abhängigkeit des Menschen von den Gütern der Natur und von ausreichendem Tierbestand als Nahrung stehen ebenso im Vordergrund wie das Wissen um die überwältigende Macht kosmischer und lebensspendender Kräfte, die meist unsichtbar bleiben und durch entsprechende Rituale bei Laune gehalten werden müssen. Bei diesen Riten spielen der Tanz und die Verwendung von Masken eine wichtige Rolle. Zudem ist das *Totem* („Verwandtschaft, Familienemblem, Schutzgeist"), ein aus dem indianischen Algonkin-Dialekt Odjibwa entliehener Begriff, für den Zusammenhalt der Gruppe von größter Wichtigkeit. Oft ist das Totem ein Tier, mit dem jeder im Stamm durch Initiation zu Beginn des Erwachsenenalters eine intensive Bindung eingeht und auf diese Weise in ganz besonderer Weise der Gemeinschaft verpflichtet ist. Viele Stämme praktizieren Riten auch, um Gefahren – vor allem das in den Mythen vorhergesagte Ende der Welt – zu verhindern oder Wege zu finden, um dem Weltuntergang zu entgehen.

3. Die mexikanischen Religionen

Die kulturelle Vielfalt Mexikos verblüfft noch heute alle Touristen. Neben den Azteken und Mayas gab es dort die Olmeken, die Teotihuacaner, die Tolteken, die Totmaken, die Zapoteken und die Tazasken, die alle Zeugnisse ihrer Religion und Kultur bis heute hinterlassen haben. Aus alledem wird deutlich, dass sie Götter verehrt und zu deren Verehrung auch Tempel angelegt haben. Die Vorstellungen, die sie sich von den Gottheiten machten, waren je nach Gruppe unterschiedlich. Während beispielsweise die Teotihuacaner einen Regengott und einen Feuergott verehrten, hatten die Totonaken drei Hauptgötter: einen Sonnengott, eine Maisgöttin und deren gemeinsamen Sohn.

4. Die Azteken

Die Azteken waren indianische Neuankömmlinge, die im 13. Jahrhundert u.Z. zusammen mit anderen Indianerstämmen von Aztlan ins mexikanische Hochland eingewandert waren und im 14. und 15. Jahrhundert auf dem Gebiet der heutigen Stadt Mexico City ein mächtiges Reich aufbauten. Kulturell kamen dort Vorstellungen der toltekischen Kultur ebenso zum Tragen wie eigenes, mitgebrachtes Kulturgut, so dass die aztekische Religion insgesamt eine Art Vermischung (Synkretismus) von unterschiedlichen Elementen aus verschiedenen Stämmen und Völkern darstellt.

„Die Religion der Azteken war hauptsächlich auf Daseinsbewältigung im Diesseits ausgerichtet. Es galt, die Götter zufrieden zu stellen und ihre Hilfe zu erreichen. Diese wurde vor allem benötigt zur Sicherstellung der Ernährung, zur Abwehr von Krankheit bzw. zur Genesung sowie als Unterstützung in schwierigen Phasen des täglichen Lebens, von kleineren Problemen bis hin zum Bestehen im Krieg. Die Götter ihrerseits benötigten aber auch die Menschen, nicht zuletzt, um von ihnen ernährt zu werden. In Gebetstexten finden sich teils Abschnitte, in denen der Betende als Bittsteller auftritt und um Mitleid ersucht, beim Opfer oder der Selbstkasteiung war dagegen ein selbstbewusstes Handeln üblich. Die Grundhaltung bestand darin, eher mehr zu geben als zu wenig. Die Götter hatten den Menschen die Aufgabe anvertraut, für den Bestand der Welt zu sorgen, und diese waren bemüht, den Göttern vor Augen zu führen, dass sie dazu fähig und würdig waren.“[19]

Die Götter und Göttinnen der Azteken waren zwar stärker als die Menschen, doch war die Trennungslinie zwischen ihnen und den Menschen nicht eindeutig. So konnte es durchaus vorkommen, dass Menschen nach ihrem Tod in das Reich der Götter aufstiegen, vor allem Herrscher wurden nicht selten unter die Götter aufgenommen. Alle übrigen Menschen kamen entweder zum Regengott und hatten dort eine angenehme Umgebung, oder sie kamen in die qualvollen Gefilde des Totengottes. Für im Kampf gefallene oder vom Gegner geopferte Krieger war vorgesehen, dass sie zu Begleitern des Sonnengottes wurden. Allein die Art des Sterbens war dafür ausschlaggebend, das ethische Verhalten im Diesseits hatte für das Schicksal im Jenseits keinerlei Bedeutung. Dennoch wurde auf das Einhalten der Umgangsformen in der Familie wie in der Gesellschaft großer Wert gelegt. Wie aus Belehrungen an Kinder überliefert ist, waren die Sitten

[19] Handbuch Religionswissenschaft, S. 256.

streng, und wer nicht hören wollte, wurde durch Schläge und Ohrenziehen oder mittels Stechen mit Agavenstacheln wieder auf den rechten Weg gebracht. Vor allem Werte wie Wahrheitsliebe, Ehrlichkeit und sexuelle Moral bei Einehe und Gleichberechtigung der Geschlechter galten als Ideale für die Erziehung.

Der Alltag war durch eine Fülle von Feiern im Jahreszyklus streng geregelt. Dazu gehörten auch Opfer im Tempel. Der Haupttempel (Pyramidenform) war ein Doppeltempel, die linke Seite war dem für die Fruchtbarkeit zuständigen Gott Tlaloc, die rechte Seite dem für den Krieg zuständigen Gott Huitilopochtli gewidmet. Zu den Riten gehörte u.a. das Ballspiel, das den Kreislauf der Sonne beeinflussen sollte. Wahrsager waren da, um vor Gefahren zu warnen oder beim Abwehren anderer drohender Unglücke behilflich zu sein. Zudem gab es eine hierarchisch gegliederte Priesterschaft mit adligen Priestern an deren Spitze. Auch Frauen bekleideten das Priesteramt, doch ist nicht belegt, dass sie hohe Ämter innerhalb der Priesterschaft innehatten, ja bisweilen wurden Frauenrollen sogar von männlichen Darstellern übernommen.

5. Die Mayas

Die Mayas sind ein Indianervolk, das seine Wohngebiete zwischen 317 und 1441 im heutigen Guatemala, in Honduras und El Salvador sowie in einigen Staaten Mexikos (z.B. Chiapas, Yucatán) hatte. Während im Alten Reich (317–987) mehrere Maya-Stadtsaaten nebeneinander existierten, ist das Neue Reich (987–1441) eine Art Städtebund mit einheitlicher Führung.

Die Maya-Kultur ist zweifellos die größte und bedeutendste unter allen Indianerkulturen. In religiöser Hinsicht spielen die Götter eine wichtige Rolle für das Wohlergehen der Menschen. Ganz oben in der Himmelshierarchie rangiert der Sonnengott. Seine Gattin ist die Erd- und Mondgöttin. Aus dieser Ehe entspringen andere göttliche Gestalten. Das Weltbild unterscheidet neun Sphären des Himmels und neun Sphären der Unterwelt, so dass ein dreistufiger Aufbau besteht: die Welt der Götter oben, die Welt der Menschen auf der Erde und die Unterwelt als Reich der Toten. Ein höchst differenziertes Kalendersystem (Ritualkalender mit 260 Tagen, Sonnenkalender mit 365 Tagen, Mondhalbjahreskalender mit 117 Tagen) macht Spezialisten notwendig. Diese sind die Priester, die auch auf dem Gebiet der Schriftkunde und der Himmelsbeobachtung, der sakralen Baukunst und der Medizin sowie in den Regeln zur Durchführung der Opfer oder des Ballspiels zwecks Aufrechterhaltung des Kreislaufs der Sonne bewandert sind.

Wie bei den Azteken sind auch die Tempel der Mayas pyramidenförmig, meist in Form von Stufenpyramiden mit steiler, breiter Treppe an der Vorderseite.

6. Die Inkas

Die Inkas bevölkern von 1200 u.Z. an als Indianervolk der Quechua weite Teile Südamerikas und schaffen zwischen 1438–1532 im Andengebiet des heutigen Peru ein Großreich, das eine kulturelle Hochblüte darstellt.

Verehrt wird ein Sonnengott als oberster Gott, der mit seiner Gattin und Schwester, der Mondgöttin, eine Reihe göttlicher Kinder zeugt. Diese sind für unterschiedliche Bereiche zuständig und tragen zum Wohlergehen der Menschen bei. Wichtig für die Verehrung ist vor allem die Erd- und Fruchtbarkeitsgöttin Pachamama. Von den beiden Jenseitsreichen ist das paradiesische im Bereich des Sonnengottes angesiedelt, der Ort der Kälte und des Hungers im Bereich der Erdgöttin.

Die Verehrung der Götter geschieht in Heiligtümern, die entweder unterirdisch angelegt sind oder sich auf Pyramiden befinden, an heiligen Orten im Freien oder in Tempelkomplexen. Opfer spielen eine zentrale Rolle, wichtig im Ablauf des Jahres sind zudem jahreszeitlich bedingte Feste: ein Sonnenfest im Juni (zur Wintersonnenwende), ein Reinigungsfest zur Frühlingszeit im September, das Erntedankfest zum Dank für die Maisernte und das Sommerfest im Dezember.

In der stark hierarchisch gegliederten Gesellschaft von Adligen, Freien und Sklaven nehmen die Priester und Priesterinnen eine Sonderstellung ein. Die „Sonnenjungfrauen“ hüten des heilige Feuer des Sonnengottes, sie leben in klosterähnlichen Gemeinschaften unter strikter Einhaltung der Keuschheit, deren Verletzung aufs Schärfste geahndet wird.

Traditionelle Stammes- und Naturreligionen

Die Bezeichnung „Traditionelle Stammes- und Naturreligionen" beinhaltet eine gewisse Verlegenheit, die große Fülle von Erscheinungsformen unter einer gemeinsamen Rubrik zu fassen. Die Problematik ist dabei eine doppelte: Zum einen lassen sich Stammesreligionen nicht lupenrein von Naturreligionen abgrenzen, weshalb hier eine Mischbezeichnung gewählt wurde, die genau dieser Abgrenzungsproblematik entgehen möchte; zum anderen bleibt auch eine Abgrenzung von den frühen Kulturen willkürlich, wenn man bedenkt, dass viele davon (z.B. die der Indianer) bis heute fortbestehen und folglich mit guten Gründen unter beiden Benennungen genannt werden könnten. Deshalb wird im Folgenden nach dem Auslassungsprinzip verfahren, d.h. die Gruppen, die schon anderswo – wie die Indianer – behandelt worden sind, werden weggelassen, während die, die noch nicht vorgestellt wurden, abgehandelt werden, auch wenn man ihre Behandlung vielleicht an anderer Stelle erwartet hätte.

Asien

In den riesigen Weiten Sibiriens, d.h. Nordasiens, wie in den Großräumen Zentralasiens haben sich bis heute Formen von Volksreligiosität erhalten, die religionsgeschichtlich interessant sind und oft eigens abgehandelt werden, obwohl viele der unterschiedlichen Völker und Stämme der Region im Lauf der Jahrhunderte andere Religionen wie den Islam, den Buddhismus oder das Christentum bzw. in der Vergangenheit auch teilweise den Manichäismus angenommen haben.

Charakteristisch für diese volksreligiösen Züge ist der Glaube, dass es eine vielfältig differenzierte Geisterwelt gibt und dass mit ihr Spezialisten – nach einem höchstwahrscheinlich aus der Sprache der Tungusen entliehenen Wort als „Schamanen" bezeichnet – in Verbindung treten können. Die Kontaktaufnahme geschieht vielfach so, dass sich der Schamane oder die Schamanin in Form von Ekstase, Tanz oder Trance eine übermenschliche Gestalt inkorporiert und mit ihrer Hilfe eine Seelenreise antritt, die entweder aufsteigend zu guten Geistern führt und deren Schutz sucht oder absteigend zu bösen Geistern den Kampf mit ihnen wagt, um Besessene oder Kranke unter den Lebenden von ihrem Leid zu befreien. Diese Schutz- bzw. Heilfunktion gibt den Schamanen eine Sonderstellung innerhalb der menschlichen Gemeinschaft, die teilweise politische Führungspositionen für sie beinhaltete oder mit den Führungskräften des politischen wie religiösen Establishments in Konkurrenz stand. Die regionalen Unterschiede bezüglich der Rolle und der Aufgaben sowie der Rekrutierung von Schamanen und Schamaninnen lassen nicht auf eine einheitliche schamanistische Religion schließen. Wahrscheinlicher ist dagegen, dass es sich um ein weitverbreitetes Phänomen mit sehr unterschiedlichen Ausprägungen handelt. Auch die früher (z.B. durch Mircea Eliade) vertretene Auffassung, dass es einen „weißen Schamanismus“ (mit Himmelfahrt zu den guten Geistern) und einen „schwarzen Schamanismus“ (mit Höllenfahrt zu den bösen Geistern und Kampf gegen sie) gegeben habe, lässt sich heute nicht mehr halten.

Ozeanien

„Ozeanische Religionen“ ist ein Sammelbegriff für verschiedene Völkerschaften zwischen Asien und Australien: die Papuas von Neuguinea, die Melanesier und die zu den Mongoliden zählenden Polynesier und Mikronesier sowie die Maori Neuseelands.

Die Pygmäen-Urbevölkerung der Papuer hat sich teilweise mit den zu den Australiden gehörenden Melanesiern vermischt. Die Melanesier bewohnen die Inselgruppen zwischen Neuguinea im Westen und den Fidschiinseln im Osten, zwischen Papua-Neuguinea im Norden und Neukaledonien im Süden. Trotz der recht unterschiedlichen kulturellen Ausprägungen sind für sie alle der Glaube an die Ahnen sowie an Götter und Geister von großer Wichtigkeit. Rituale bei der Geburt, Volljährigkeit, Hochzeit und beim Tod stellen eine enge Beziehung der Menschen zur Familie und Sippe ebenso her wie zu den Ahnen. Sie bedeuten zugleich Sicherheit und Frieden für die Lebenden. Totems (z.B. Vögel, Haie, Schlangen) und Männerbünde unterstreichen dieses Gefühl der Zusammengehörigkeit. Für Frauen gibt es eigene Rituale. Zur Abwehr von Krankheiten und Hexerei gibt es speziell ausgebildete Fachleute, die mit Hilfe von Masken, Trommeln und anderen Instrumenten böse Geister abwehren und gute als Unterstützung gewinnen.

Im Zentrum der Religion der Polynesier und Mikronesier steht der Ahnenkult. Ahnen sind im Fall der Mikronesier als Heroen vor allem Schutzherren der Seefahrt, womit die häufig geübte Sitte der Bootsbestattung zusammenhängt. Zum Wortschatz der Polynesier gehören die in die Religionswissenschaft übernommenen Begriffe *mana* und *tabu/tapu*, wobei *mana* die über die gewöhnliche Kraft der Menschen oder den gewöhnlichen Gang der Dinge hinausgehende Kraft bezeichnet. Wesen und Dinge, die *mana*-haltig sind, werden durch *tabu/tapu* (d.h. Meidungsgebote) geschützt. Auf diese Weise dienen die Tabu-Vorschriften als Grundlage der gesamten sozialen Ordnung, für das persönliche Leben des Einzelnen ebenso wie für das soziale Leben der Stämme.

Die Religion der Maori auf Neuseeland ist uns erst in den letzten 200 Jahren greifbar, als ihre Mythen aufgezeichnet wurden. Wie ihre Religion vorher ausgesehen hat, ist nicht mehr feststellbar. Nach den Mythen steht fest:

„Aus dem Nichts waren Himmel und Erde entstanden. Ob von Gott geschaffen oder nicht, diese Frage gilt nur für den ersten Akt der Weltentstehung. In den folgenden Etappen sahen die Maori zwei andere Verursacher am Werk: die Liebe und den Haß oder Wollust und Mordlust.
Himmel und Erde waren Mann und Frau, die Kinder zeugten. Sie lagen eng umschlungen. Ihre Jungen hatten sie bei sich, zwischen ihren Leibern, wo es warm und sicher war, aber auch finster und eng.
Alle Kinder sind Söhne. Später, wenn es Menschen geben wird, werden die sechs Söhne über die sechs Bereiche herrschen, die zusammen die Welt der alten Maori ausmachten. Herr des Waldes und aller dort lebender Wesen wird Tâne. Herr der eßbaren Wildpflanzen wird Haumia-tiketike. Herr der Kulturpflanzen, des Ackerbaus und des Friedens wird Rongo. Herr des Krieges wird Tû. Herr des Meeres und seiner Lebewesen wird Tangaroa. Herr des Wetters, der Winde und der Stürme wird Tawhirimatea.
Die Welt entwickelt sich weiter, Stufe um Stufe höher hinauf, bis sie zur Menschenwelt wird."[20]

Wie ein Motor nicht ohne Treibstoff läuft, so ist *mana* das, was den Dingen Leben, Kraft, Stärke, Erfolg verleiht. Wenn das *mana* einer Sippe dahin schmilzt, dann gerät sie ins Unglück. Deshalb ist *mana* für die Gemeinschaft wie für den einzelnen Menschen lebensnotwendig. Eine Fülle von Geboten (*tapu/tabu*) schützte das *mana*, wobei manche Vorschriften in der „ewigen" Tradition ihren Grund haben, andere galten für eine begrenzte Zeit. Manche Tabu-Übertretung führte zu vorübergehendem Unglück, andere kosteten das Leben.
„Der Erfolg der Sippe, ihr *Mana*, versicherte sie [die Maori, P.A.] ihres Heils. Damit der Erfolg nicht unsicher werde, haben sie ihn beschirmt durch *Tapu*, das wiederum von Essen und Frauen *noa* [„weltlich", P.A.] gemacht werden kann. Wo dies geschah, da geriet die Sippe zwar in Gefahr, doch nicht schon ins Unheil, weil *Noa* nicht das Übel ist, sondern der Alltag, das Feld, auf dem Sippen gedeihen oder verkümmern. Auch die zwei *Noa*-Macher sind an sich weder gut noch böse, sie sind die beiden fundamentalen Lebengeber: ohne Essen muß der Mensch, ohne Frauen muß die Sippe sterben. Doch das Leben, das sie geben, ist Leben im Rohzustand. Was aus ihm wird, hängt von den Männern der Sippe ab: festigen und mehren sie ihr *Mana*, dann wird es zu einem heilen Leben reifen, verlieren sie ihr *Mana*, dann wird es verrotten wie das Leben von Sklaven.

20 Hans-Jürgen Greschat: Mana und Tapu. Die Religion der Maori auf Neuseeland, Berlin 1980, S. 66.

Das Verhältnis von *Tapu* und *Noa* gleicht nicht widerstreitenden Mächten, an die man in anderen Religionen glaubt, wo Gott gegen den Teufel steht, das Gute gegen das Böse, Rein gegen Unrein. Bei den Maori gehören beide Pole zusammen, sie bedingen einander. In Maori-Augen ist alle Wirklichkeit zusammengefügt als Zweiheit: als Oben und Unten, als Himmel und Erde, als helle und dunkle Welt, als Rangatira [z.B. Priester] und Freier, als Mann und Frau, als *Tapu* und *Noa*."[21]

Australien

Die ursprünglichen Bewohner Australiens vor der Entdeckung durch die Europäer im 17. Jahrhundert werden religionsgeschichtlich wie die Bevölkerung Ozeaniens zu den ozeanischen und urgeschichtlichen Religionen gezählt. Ihre Lebensweise sowie die von ihnen benutzten Werkzeuge gaben Anlass zu denken, es handele sich bei ihnen um Überlebende früher Kulturstufen der Menschheitsgeschichte, weshalb die Ergebnisse ihrer Erforschung oft für Rückschlüsse auf das Denken und den Glauben der Menschen aus vorgeschichtlicher Zeit verwendet wurden. In Wirklichkeit ist jedoch davon auszugehen, dass die Ureinwohner Australiens, die sog. Aborigines, ihrerseits in den Jahrhunderten ihrer Geschichte eine nicht unbeträchtliche Entwicklung durchgemacht haben, die daran zweifeln lässt, dass die der Forschung zugänglichen Aussagen und religiösen Auffassungen ein getreues Bild von der ursprünglichen Religion dieser Stämme zeichnen. Zudem scheinen die Vorstellungen von Stamm zu Stamm quer durch den Kontinent recht unterschiedlich gewesen zu sein.

Im Vordergrund des religiösen Denkens stehen totemistische Ahnen, eine Art himmlische Wesen, die ewig leben. Alle lebenden Menschen sind Inkarnationen eines dieser Wesen. Sie haben zwei Seelen, eine menschliche und eine unsterbliche, Letztere kehrt nach dem Tod des Menschen wieder in die Welt der Ahnen zurück. Jeder Mensch erhält von dem jeweiligen Ahnen sein Totem, sei es ein Tier, eine Pflanze oder eine himmlische Gestalt wie z.B. die Sonne. Die intensive Beziehung zum Totem wird durch eine spezielle Initiation (z.B. Fasten, Feuerproben, Beschneidung) aufgebaut und ist dann für jeden Menschen bestimmend. Frauen haben eigene Riten, die meisten davon sind geheim. Neben der individuellen Totembeziehung eines jeden einzelnen Menschen gibt es eine Art Medizinmann, der über besondere Befähigungen im Umgang mit Vorhersagen (Divination), bei Heilungen von Krankheiten oder in der Abwehr von Hexerei verfügt.

---

[21] Greschat: Mana und Tapu, S. 87f.

Afrika

Afrika ist vermutlich der Kontinent, wo vor mehr als vier Millionen Jahren die Wiege der Menschheit stand. Das nördliche Afrika, d.h. das Gebiet nördlich der Sahara, hat teil an den frühen Kulturen der Ägypter und später der Römer und aus dieser Zeit neben vielen archäologischen auch zahlreiche schriftliche Zeugnisse hinterlassen. Afrika südlich der Sahara dagegen ist die Heimat zahlreicher schriftloser Kulturen. Die verschiedenen Stämme haben ihre Vorstellungen mündlich überliefert. Schriftlich wurden diese erst durch die Araber (vom 9. Jahrhundert an) bzw. durch die europäischen Kolonisatoren (vom 15. Jahrhundert an) aufgezeichnet.

Die Forschung unterteilt die verschiedenen Stämme nach Lebensform, Herstellungsweise und Zivilisationsstand in Jäger (z.B. Buschmänner, Pygmäen, Hottentotten), Ackerbauern, Speicher (d.s. Hackbauern mit Lehmhäusern), Hirtennomaden (z.B. Rinderzüchter), Stadtkulturen und neueren Datums Industrie. Dadurch wird deutlich, welch große innere Differenzierung sich hinter dem Sammelbegriff der afrikanischen Stammesreligionen verbirgt.

Allen gemeinsam ist die Überzeugung, dass hinter allen sichtbaren Dingen und Ereignissen unsichtbare Kräfte und Kraftfelder am Werk sind. In Tieren und Menschen wirkt die Kraft unsichtbarer Seelen. Diese leben nach dem Tod weiter und ziehen – oft auf beschwerlichem Wege – ins Reich der Ahnen. Häufig wird die Seele mit dem Atem in Verbindung gebracht. Als Seelenzustände sind möglich: ein Zustand des Wachens, des Schlafens, des Traums, des Lichts und des Schattens sowie der Zustand nach dem Tod. Letzterer ist stark abhängig von der ordnungsgemäßen Bestattung, weshalb den Totenriten eine besondere Beachtung geschenkt wird, denn die Toten leben in enger Gemeinschaft mit den Lebenden. Deshalb ist es wichtig, dass sie alle ihre Ruhe finden und nicht wegen fehlender Riten gezwungen sind, als dämonische Geister umherzuziehen und die Menschen zu bedrohen.

Die Götter sind eine besondere Art von Geistwesen. Sie beschützen die Sippen, ihre Häuser und die Tiere. Sie sind größer und stärker als die Menschen, unterliegen aber wie diese einer hierarchischen Ordnung.

Das Leben in der Gemeinschaft ist durch Riten und Tabus strukturiert, die sowohl die wichtigen Etappen im Leben des Menschen (Geburt, Volljährigkeit, Hochzeit, Tod) als auch den Alltag und den Jahresablauf bestimmen. Zu den wichtigen Gestalten im Leben der Menschen gehören nicht nur die Stammesoberhäupter (Häuptlinge), sondern auch heilige Personen, die in Notsituationen gerufen werden und durch ihre Kenntnisse helfen, Krankheiten zu heilen, böse Geister abzuwehren, Unglück zu vermeiden u.v.a.m.

Hochreligionen

Es ist eine Besonderheit der Religionsgeschichte, dass alle hier „Hochreligionen" genannten Kulturen der Menschheit in Asien entstanden sind. Asien ist somit gewissermaßen die Heimat der Hochreligionen. Im Vergleich damit lebt Europa – jedenfalls was die großen religiösen Traditionen (z.B. Judentum, Christentum, Manichäismus, Islam) angeht – vom Import.

Hinduismus

„Hinduismus" ist ein Fachbegriff, den die europäische Religionswissenschaft im 19. Jahrhundert geprägt und als Sammelbegriff zur Bezeichnung der großen religiösen Traditionen Indiens eingeführt hat. Er bezeichnet alle die religiösen Traditionen Indiens, die sich auf die vedische Überlieferung beriefen und sich noch nicht als eigenständige Religionen etabliert hatten wie der Buddhismus, der Jainismus oder der Sikhismus. Nicht zum „Hinduismus" gerechnet wurden die Stammesreligionen in Indien, die so genannten *tribals*, die nur regional von Bedeutung sind. Ebenso wenig werden Religionen dazu gerechnet, die als Importe von außen nach Indien gekommen sind wie das Christentum und der Islam. „Hinduismus" ist folglich ein künstlich geschaffener Begriff, keine Selbstbezeichnung irgendeiner der darunter zusammengefassten Religionsrichtungen. Das Wort selbst geht sprachlich auf das persische Wort „Hindu" zurück, das den Fluss Indus bezeichnet, aber schon von den Persern vom 10. Jahrhundert an zur Bezeichnung der Menschen jenseits des Indus verwendet wird, die keine Muslime sind. Während der englischen Kolonialzeit haben die Inder, die Hindus waren, das Wort als Selbstbezeichnung übernommen und später sogar semantisch angeglichene Kunstwörter wie „Hindutva" für die einzelnen Nationalsprachen in Indien geschaffen, so dass heute die Hindus mit derselben Selbstverständlichkeit vom „Hinduismus" sprechen wie europäische Religionswissenschaftler seit dem 19. Jahrhundert.

Aufgrund der Begriffsgeschichte des Wortes „Hinduismus" wird es kaum verwundern, dass eine genaue inhaltliche Bestimmung schwer ist. Zu viele religiöse Traditionen werden unter diesem Begriff versammelt. Es gibt in Indien innerhalb des Hinduismus nicht nur Monotheisten verschiedener Richtungen, sondern auch polytheistische Religionspraktiken und dualistische Welterklärungen sowie apersonale Vorstellungen vom Göttlichen. Es finden sich hoch philosophische Weltanschauungen und sehr schlichte religiöse Praktiken und dies nicht selten bei ein und derselben Person. Deshalb kann eine Erstinformation über den Hinduismus nur grob die Tendenzen nennen und sie einem historischen Raster zuordnen, um Licht ins Dunkel der Entwicklungen zu bringen. Und trotz all dieser Vielfalt gibt es so etwas wie einen mehr oder weniger allen heutigen Hindus gemeinsamen Bezugsrahmen: die Anerkennung der Veden als heilige Schriften, die Wiedergeburtslehre und die damit verbundenen Erlösungswege und das Kastensystem als religiös-soziale Grundlage der Gesellschaft.

Unbestritten ist, dass die älteste Phase die Zeit der Entstehung der Veden ist. Viele Forscher rechnen sie gar nicht dem Hinduismus zu, sondern sprechen von einer eigenständigen Stufe der Religionsgeschichte Indiens, der vedischen Religion.

1. Die vedische Religion

Die vedische Religion ist gekennzeichnet durch eine Fülle von Riten, die dazu bestimmt sind, die Gunst der Götter zu erlangen. 33 Götter spielen hierbei eine wichtige Rolle: elf im Himmel, elf auf der Erde und elf unter der Erde im Totenreich. Die Namen der himmlischen Götter deuten etymologisch entweder auf Naturgewalten wie *Agni* (=Feuer) oder auf sozialethische Begriffe wie *Mithra* (=Vertrag) hin. Sie durch Opfer gnädig zu stimmen, ist Aufgabe der Priester (Brahmanen), damit sie Schutz gewähren gegen Naturgewalten und zum Erhalt der Ordnung im sozialen Bereich wie im Kosmos. Furcht und Suche nach Schutz und Hilfe sind dabei wohl vornehmlich bestimmende Elemente der Religiosität, wie sie bei allen frühen Kulturen feststellbar sind.

Durch die zentrale Stellung der Opfer in der religiösen Praxis erlangen die Brahmanen eine einmalige Sonderstellung unter Göttern und Menschen. Von ihnen sind die Götter insofern abhängig, als sie den Göttertrank (*Soma*, ein bis heute nicht eindeutig identifizierbares Gebräu) zuzubereiten verstehen und somit als einzige die Götter adäquat ernähren können. Von ihnen sind aber auch die Menschen abhängig, weil hungrige Götter Unruhestifter sind und folglich den Menschen ihr Dasein vergraulen, indem sie Unwetter und andere Störungen der Ordnung auslösen und den Frieden unter den Menschen gefährden. Das Wissen der Brahmanen ist somit die Basis für Götter und Menschen, dass alles einen guten Verlauf nimmt. Die Brahmanen geben ihr Wissen zunächst nur intern, im Kreise ihres Standes weiter. Erst viel später kommt es zu schriftlichen Fixierungen dieses Wissens, wobei die Texte die Spuren vieler Jahrhunderte erkennen lassen und deutlich machen, dass das Gesamtwerk zahlreiche Epochen durchlaufen und verschiedene Prägungen erfahren hat. Dieses Wissen (in Sanskrit: *veda*) ist so umfangreich, dass wir die Fülle betonend daher oft von den Veden (d.h. einem künstlich gebildeten Plural von *veda*) sprechen. Allein die Unterteilung des Ganzen in Rig Veda (eine Sammlung von Gesängen für den Gottesdienst), Sama Veda (Gesänge von Mantras, die mit bestimmten Opferhandlungen in Verbindung stehen und nicht selten eine magische Verbindung zwischen Versinhalt und Opferhandlung herstellen), Yajur Veda (Opfersprüche, die der opfernde Brahmane während des Vollzugs der Opferhandlung murmelt) und Atharva Veda

(Texte, die teils sehr alt, apokryph oder volkstümlich sind und zur Abwehr von Gefahren oder zur Heilung von Krankheiten eingesetzt werden) lässt erahnen, wie umfang- und facettenreich alles ist. Die Sprache ist in vielen Passagen ein altertümliches Sanskrit, das im 6. Jahrhundert v.u.Z., also noch vor der grammatischen Fixierung durch Panini, angesetzt werden muss. Nach Auffassung der Inder sind die Veden in grauer Vorzeit von Sehern (*Rishis*) „gehört" (*shruti*) worden und stellen somit eine Art Uroffenbarung dar. Sprachlich ist dieses vedische Sanskrit mit dem Altpersischen verwandt und gehört damit in den Kreis der indo-europäischen Sprachen. Es ist die Sprache der Einwanderer, die zwischen dem 15. und 10. Jahrhundert v.u.Z. nach Indien einwanderten und sich selbst Arya (Edelleute, Arier) nannten. Sie stellten den „Lehrstand" der Brahmanen und den „Wehrstand" der Kshatriya, die die Oberherrschaft in Indien übernahmen, die lokale Oberschicht des „Nährstandes" der Vaishya unterjochten und deren Unterschicht, die Shudras (Kaufleute, Diener), zum untersten Stand in dieser Ständeordnung degradierten. Der Mythologie zufolge sind all diese Stände aus dem Ur-Menschen Purusha hervorgegangen und zwar in hierarchischer Stufung: die Brahmanen aus dem Mund, die Krieger bzw. Kshatriya aus der Schulter, die Vaishya aus einem Schenkel und die Shudras aus der Fußsohle. Was hier „Stand" genannt wird, heißt auf Sanskrit „varna", wörtlich „Farbe" und wird auch in den ältesten Texten so verstanden, nämlich als „Hautfarbe", die für die obersten Stände „hell" sein soll. Von den Brahmanen heißt es, sie hätten „blonde Haare" und „blaue Augen". „Varna" wird oft im Deutschen mit „Kaste" – einem Lehnwort aus dem Portugiesischen – übersetzt und ist auf die vier unterschiedlichen Sozialgruppen der klassischen indischen Gesellschaft bezogen, zu denen noch die Harijans oder Kastenlosen kommen, die außerhalb dieses Ständesystems stehen. Innerhalb einer jeden „varna" wie teilweise auch unter den Harijans gibt es zahllose Untergruppierungen (*jati*), die meist Berufsgruppen bezeichnen und die Zukunft ihrer Nachkommen genauso bestimmen, wie früher in Europa die Kinder von Bäckern oder Schustern ihrerseits wieder Bäcker oder Schuster wurden. Im modernen indischen Staat ist das „varna"-System als Sozialordnung per Gesetz abgeschafft, auch hinsichtlich der jati ist heute mehr Flexibilität und Durchlässigkeit feststellbar, als dies im klassischen Indien der Fall gewesen ist.

Die Menschen, so glaubte man in vedischer Zeit, leben nur einmal auf der Erde, dann sterben sie und werden im Mond gesammelt, dessen Zunahme durch die monatsweise anwachsende Zahl der Toten erklärt wird, bis am Ende des Monats Yama, der Totengott, Gericht hält und den Mond von der wartenden Gruppe der Menschen frei macht (Neumond), so dass das Ganze erneut beginnen kann. Eine Wiedergeburtslehre, wie sie für den Hinduismus als typisch gilt, ist dem vedischen Weltbild noch fremd. Lediglich ansatzweise finden sich in den Spätschriften des Veda, dem sog. Vedanta, zyklische Vorstellungen (Sonne – Wärme, Wind – Atem, Regen – Wasser), die auf ein Umdenken hindeuten, bis es schließlich zur ausformulierten Wiedergeburtslehre – salopp oft als „Seelenwanderung" bezeichnet – kommt. Mit der Einführung der Lehre von der Wiedergeburt geht eine Neuorientierung bezüglich der Götterwelt einher. Die großen Gottheiten der vedischen Zeit wie Indra oder Mithra verlieren an Bedeutung, plötzlich stehen andere Gottheiten, Shiva, Vishnu und Brahma, im Vordergrund.

2. Der klassische Hinduismus

Der klassische Hinduismus lebt schriftenmäßig weit mehr von der religiösen Traditionsliteratur (*smirti*) als von den Veden, der *shruti* (Offenbarung). Zu dieser religiösen Traditionsliteratur gehören die mythologischen Erzählungen der Puranas, Gesetzestexte sowie die Epen Ramayana und Mahabharata. Im Mahabharata findet sich die berühmte „Bhagavadgita", das für die meisten Hindus wichtigste Buch ihrer Religion. Zentral ist vorstellungsmäßig dabei die Lehre von der Wiedergeburt. Jedes Lebewesen, das geboren wird und stirbt, wird als Teil im großen Strom des Lebens gesehen, dessen Einzelexistenz eingebettet ist in eine Fülle voraufgehender wie folgender Existenzen, deren Startbedingung keineswegs zufällig, sondern Frucht der Taten (*karma*) aus dieser Kette voraufgehender Existenzen ist. Ob jemand als Kind eines Maharadschas oder eines Bettlers auf die Welt kommt, liegt allein am *karma*, das wie ein Soll- und Guthabenkonto von Existenz zu Existenz weitergeht und fortgeführt wird und für den Augenblick eines neuen Starts, d.h. einer neuen Geburt, die Startbedingungen festlegt, so dass wirklich jeder seines Glückes Schmied ist und das auslöffelt, was er/sie in früheren Existenzen sich eingebrockt hat, aber auch nicht mehr und nicht weniger. Die neue Existenz vollzieht somit eine ausgleichende Gerechtigkeit gegenüber den Taten in früheren Existenzen, doch nie kann man derart tief sinken, dass keine Revision mehr möglich wäre. Stets bleibt die Chance für einen Aufstieg, auch wenn er mühsam und langwierig sein mag. Die meisten Schulen des Hinduismus lehren daher, dass alle Lebewesen miteinander im großen Strom des Lebens verbunden sind, weil der Bereich möglicher Wiedergeburten den des Menschseins überschreitet, sei es die Wiedergeburt als Tier oder in negativen Bereichen der Geisterwelt (Dämonen) wie im positiven Bereich der Welt der Götter. All diese Existenzformen sind endlich und führen zu neuen Wiedergeburten.

Es ist dieses Auf und Ab im Strom des Lebens: das Geborenwerden, Sterben und Wiedergeborenwerden, das bewirkt, dass jedes Lebewesen schon viele Existenzen durchlebt und noch viele weitere vor sich hat. Alles Denken konzentriert sich daher auf die Vorbereitung der Startbedingungen für das nächste Leben. Nicht die Opfer an die Götter, wie in der vedischen Religion, sind das Ausschlaggebende. Die Brahmanen als Spezialisten für die richtigen Opfer sind de facto entmachtet, sie haben aber eine neue Rolle übernommen: Sie sind zu Spezialisten der Auslegung karmisch-relevanten Verhaltens geworden, indem sie sagen, was gut und was böse ist für die Gruppe und den Einzelnen. So etwa sollen die Brahmanen sich in Gewaltlosigkeit (*ahimsa*) üben, den Kshatriya dagegen gilt das Kämpfen als heilige Pflicht. Und wer gutes *karma* sammelt, hat eine gute Wiedergeburt, wer böses ansammelt, muss dessen Früchte ertragen. Wie der ins Wasser geworfene Stein seine Kreise zieht, so zieht auch jede Tat unweigerlich ihre Folgen nach sich.

Die Lehre von der Wiedergeburt vermittelt denen, die daran glauben, die Gewissheit, dass das Leben mit dem Tod nicht zu Ende ist, sondern weitergeht. Dies ist weniger grausam als der Gedanke, mit dem Tod könne alles zu Ende sein. Umgekehrt ist mit der Sicherheit einer neuen Existenz auch nicht alles gelöst. Beim intensiven Nachdenken darüber kann der Gedanke, immer wieder leben zu müssen, immer wieder von vorne anfangen zu sollen, seinerseits zu einer Belastung werden, die den Wunsch aufkeimen lässt, dass man Mittel und Wege findet, um aus diesem ewigen Kreislauf des Lebens definitiv auszuscheiden. Der Wunsch nach Erlösung entsteht und verlangt nach einer Antwort. Drei klassische Erlösungswege hält der Hinduismus dafür bereit: den Weg der Tat, den Weg der Erkenntnis und den Weg der liebenden Hingabe.

Der Weg der Tat (*karma-marga*) geht davon aus, dass immer mehr gute Taten einen solchen Aufstieg in der Rangordnung der Existenzen bedeuten, dass das Ausscheiden aus dem Kreislauf der Wiedergeburten die Folge davon ist. Dahinter steht der Gedanke, dass die Welt aus der höchsten Gottheit (Brahma) hervorgegangen und daher im Kern gut ist, so dass ein *karma*, das nichts Böses enthält, dem Wesen des göttlichen Urgrundes gleicht, ja letztlich mit ihm identisch ist. So pragmatisch dieser Weg auch aussehen mag, erkenntnistheoretisch ist er damit sehr eng mit dem Weg der Erkenntnis verbunden.

Der Weg der Erkenntnis (*jnana-marga*) beschleunigt das Verfahren des Weges der Tat durch die Einsicht, dass in jedem Lebewesen ein guter Kern (*atman*) steckt, der karmisch verpackt nicht voll zur Entfaltung kommen kann, weil das *karma* dies verhindert. Gelingt es aber, die einengende Wirkung des *karma* durch die Erkenntnis zu sprengen, dass das Selbst, dieser gute Kern von gleicher Art wie Brahma, der gute Kern aller welthaften Existenz ist, dann kann die Gleichung vollzogen werden: *atman* ist Brahma. Damit lässt das Selbst alles Individuelle = karmisch Spezifische hinter sich und ist damit frei von jeglicher Fessel karmischer Verstrickung. Erlösung bedeutet daher Loslösung aus dem Kreislauf karmischer Fesseln und zugleich Verlust jeglicher Individualität, da sie ja Folge des *karmas* und nicht eine besondere Eigenschaft des *atman* ist, denn was Mensch und Tier oder auch zwei Menschen voneinander unterscheidet, ist das jeweilige *karma*, das bei einem jeden verschieden ist und die Startbedingungen ins Leben bestimmt hat. Von gleicher Art dagegen ist in allen das Selbst, der gute Kern, der in der Substanz mit dem guten Kern der Welt identisch ist wie ein Tropfen Wasser im Meer. Bildlich kann man daher sagen: Wie gestalt- und namenlos die Flüsse ins Meer eingehen, so geht der Geist durch die Erkenntnis seiner substantiellen Einheit mit dem Ganzen ins höchste Brahma ein.

Individualität geht aber auch verloren, wenn auf dem Weg der liebenden Hingabe (*bhakti-marga*) die Gottheit – meist Krishna – sich in dem sich ihr hingebenden Menschen wiedererkennt. Nun wird die Einheit personal von Gott zu seinem Ebenbild im Menschen vollzogen. Je größer die Hingabe ist, desto stärker ereignet sich diese In-Besitznahme durch die Gottheit. Und wo immer Menschen einen Gott voller Hingabe verehren, so lehrt die Bhagavadgita, ist es Krishna, dem sie sich hingeben.

Die drei Erlösungswege stellen unterschiedliche Typen von religiöser Praxis dar: der Weg der Tat legt den Akzent auf die praktische Umsetzung des alle Gruppen prägenden standesspezifischen Verhaltenskodexes, der Weg der Erkenntnis ist eher für philosophisch orientierte Nachdenkende geeignet, der Weg der liebenden Hingabe lässt Formen von Religiosität zu, die teilweise für in Europa oder Amerika Sozialisierte recht gewöhnungsbedürftig sein können, weil die liebende Hingabe nicht selten auch die körperliche Liebe einschließt, so dass Erotik und Spiritualität nicht selten in einer Weise miteinander verbunden sind, wie es sich Europäer oder Amerikaner innerhalb des Religiösen kaum vorstellen können.

Die unterschiedlichen Formen von Religiosität finden auch ihren Niederschlag in den vier Lebenszielen, die innerhalb des Hinduismus gelehrt werden. Das erste Ziel ist das des Studiums und richtet sich darauf, religiöses Wissen zu erwerben, um gut als Hindu leben zu können. Als Beginn gilt die Schnurzeremonie, die bei Brahmanen im Alter von sieben, bei Kshatriyas im Alter von neun und bei Vaishyas im Alter von elf Jahren stattfindet und den Eintritt der sog. „Zweimalgeborenen" in die erste große Lebensphase markiert, während für die Shudras – sie gehören nicht zur Gruppe der „Zweimalgeborenen" – kein vergleichbares Zeremoniell vorgesehen ist. Auch die Mädchen sind klassischerweise nicht in diese Phase einbezogen. Der zweite Abschnitt im Leben eines Hindu ist die Eheschließung und Gründung einer Familie. Damit ist die Übernahme aller Pflichten in der Gesellschaft verbunden sowie die Sorge für die Familie. Vor allem im Epos des Ramayana werden dafür wesentliche Charaktereigenschaften für das idealtypische Verhalten der Ehefrau gegenüber ihrem Ehemann wie Gehorsam und absolute Treue dargelegt. Die Verfilmung dieses Epos und seine Umsetzung in Comics erfreuen sich großer Beliebtheit und verfehlen ihre erzieherische Wirkung auf die breite Masse des Volkes nicht. Die dritte Phase ist der Ausstieg aus der Gesellschaft in die sog. „Hauslosigkeit". Vor allem nach dem Berufsleben gilt diese Phase als besonders erstrebenswert und dient der Suche nach Spiritualität durch Aufsuchen eines Ashrams (eine Art Kloster) und Unterweisung durch spirituelle Lehrer (Gurus). Ziel ist die intensive Beschäftigung mit dem Sinn des Daseins, mit Wiedergeburt und Erlösung, um schließlich die vierte

Stufe zu erlangen: das Einssein mit dem Göttlichen, die Erlösung aus dem ewigen Auf und Ab im Kreislauf der Wiedergeburt.

Das Einssein mit dem Göttlichen ist eine monistische Sicht der Wirklichkeit, die im Hinduismus eine lange Tradition hat. Sie geht davon aus, dass das Göttliche in allem präsent ist, ja alle Vielfalt letztlich nichts anderes ist als der auf unterschiedliche Weise entfaltete Saum des Gewandes der Gottheit, die in ihrem wahren Wesen nur durch die Meditation erfasst und als gemeinsamer Grund allen Seins erkannt wird. In dieser Sicht gibt es keine Trennung zwischen heilig und profan, weil das Göttliche überall ist und entsprechend Verehrung finden kann und darf, so dass die polytheistischen Richtungen der Religion nichts anderes sind als materialisierte Ausdrucksformen der philosophischen Grundwahrheit, dass das Göttliche der Urgrund allen Seins ist und daher die gesamte Wirklichkeit prägt bzw. durchwirkt. Diesem monistischen Ansatz der Nicht-Zweiheit (*Advaita*) steht das Modell der Zweiheit (*Dvaita*), einer Unterscheidung zwischen Gott/Gottheiten und der Welt, gegenüber. In der Dvaita-Lehre spielen die Götter und Göttinnen eine zentrale Rolle, allen voran Shiva und Vishnu. So etwa sehen die Anhänger des Gottes Shiva, die Shivaiten, in allen anderen Gottheiten die unterschiedlichen Kräfte Shivas symbolisiert, also letztlich hypostasierte Epitheta des einen Gottes Shiva, wie umgekehrt die Anhänger des Gottes Vishnu, die Vishnuiten, dies von ihrem Gott bezüglich aller anderen Gottheiten behaupten. Auf diese Weise ist schon seit fast 2000 Jahren in den verschiedenen Schulen des Hinduismus eine Identifizierung zwischen Gottheiten vollzogen worden, die monotheistische Bekenntnisse mit polytheistischen Religionsformen zu harmonisieren verstand, ohne dass die scheinbaren Gegensätze zwischen Monotheismus, Polytheismus oder Monismus zum philosophischen Problem geworden sind. In der Praxis besagt dies, dass individuelle Präferenzen der Verehrung etwa für männliche Gottheiten wie Vishnu oder Shiva, für weibliche Gottheiten wie Kali oder Durga, für Götterpaare wie Rama und Sita oder Vishnu und Lakshmi oder für tierähnliche Gottheiten wie Hanuman (Affengott) oder Genesha (Elefantengott) problemlos nebeneinander existieren.

Das Nebeneinander verschiedenster Sichtweisen des Göttlichen, verschiedener Erlösungswege, unterschiedlicher Spiritualitätspraktiken und verschiedener Stände innerhalb der irdischen Gesellschaft mit jeweils gruppenspezifischer Ethik ist sicherlich der charakteristischste Zug des Hinduismus, der auf diese Weise wie ein großer spiritueller „Supermarkt“ erscheint, der für jeden Geschmack etwas bereithält. Programmatisch ausformuliert wurde diese Idee im sog. Neohinduismus.

3. Der Neohinduismus

Der Neohinduismus ist die Form des Hinduismus, die seit dem 19. Jahrhundert zunächst in Bengalen und dann in ganz Indien Verbreitung fand. Markante Vertreter dieses Neohinduismus sind Ram Mohan Roy (1774–1833), Maharishi Dayanand Sarasvati (1824–1883), Ramakrishna (1836–1886), Svami Vivekananda (1863–1902), Mahatma Gandhi (1869–1948) und Sarvepalli Radhakrishnan (1888–1975), um nur die wichtigsten zu nennen. Als besonders wichtige Richtungen gelten dabei der Brahma Samaj (1828 von Ram Mohan Roy gegründet) und der Arya Samaj (1875 von Sarasvati gegründet). Für sie alle ist die von den Europäern verwendete Sammelbezeichnung „Hinduismus“ zur Selbstbezeichnung geworden. Sie sehen das Wesen ihrer Religion darin, dass sie fähig ist, auf die unterschiedlichen religiösen Bedürfnisse der Menschen durch ein differenziertes spirituelles Angebot einzugehen.

Europäisch-christliches Gedankengut wird im Neohinduismus in Fragen der Ethik erkennbar. Vor allem die neutestamentliche Bergpredigt hat gewirkt und bewirkt, dass soziale Missstände angeprangert und manche Ungerechtigkeit in der Gesellschaft wie etwa die sog. „Witwenverbrennung“ bekämpft werden. Bereits der erste Vertreter des Neohinduismus, Ram Mohan Roy, orientiert sich an Jesus als Vorbild und sieht in ihm einen spirituellen Führer, eine Art Guru zu Frieden und Glück. Noch intensiver beschäftigen sich die späteren Vertreter des Neohinduismus mit Jesus und integrieren in zunehmendem Maß auch die dogmatischen Aussagen über Jesus als Sohn Gottes in den hinduistischen Interpretationskontext. Als Bezug dient ihnen dabei die hinduistische Vorstellung vom „Avatara“, einer Herabkunft Gottes, der immer dann auf Erden erscheint, wenn nach vielen stets schlechter werdenden Weltzeitaltern das Recht (*dharma*) in sein Gegenteil (*adharma*), die Wahrheit in Lüge und der soziale Friede in Chaos und Unordnung umzuschlagen drohen. Die indische Überlieferung kennt eine ganze Reihe solcher Avataras, so dass es nicht ungewöhnlich erscheint, dieser Reihe noch weitere – wie z.B. den historischen Buddha oder Jesus Christus – hinzuzufügen. Auf diese Weise wird das Herabkommen eines Gottes in die irdische Existenzform als Mensch unter Menschen ebenso denkbar und real wie der Aufstieg des Menschen in die Sphäre des Göttlichen. Aus hinduistischer Sicht ist daher die christliche Lehre über Jesus Christus als Menschgewordenes Wort Gottes (Christologie) dann voll in den Hinduismus integrierbar, wenn sie nicht exklusiv auf den historischen Jesus von Nazareth beschränkt wird, sondern symbolisch für die Entwicklungsfähigkeit des Menschen insgesamt steht.

Am Beispiel der Christologie wird deutlich, was für den Neohinduismus insgesamt typisch ist: ein grenzenloser Inklusivismus, also die Fähigkeit, alles in den Hinduismus zu integrieren und aufzusaugen, was nicht von sich aus Abgrenzung produziert, indem gesagt wird, dass nur diese Position und keine andere möglich oder zulässig sei. Der inklusive Zug des Neohinduismus wird oft „Toleranz“ genannt. Dies trifft aber die Sache nicht richtig, weil dabei nicht verschiedene Lehraussagen geduldet werden, sondern alle für gleich gültig und somit gleich wahr erklärt werden, jeder Absolutheitsanspruch einer einzigen davon jedoch strikt abgelehnt und bekämpft wird. Verschiedene Bilder finden dafür

Verwendung: Es ist die Rede davon, dass alle Religionen wie Speichen eines Rades seien, die zum selben Zentrum unterwegs sind, dass ihre spirituellen Früchte – Mangofrüchten vergleichbar – zum Genuss angeboten werden, aus welchem Korb (Religionssystem) sie auch kommen mögen, dass sie wie verschiedene Wege an unterschiedlichen Seiten eines Berges seien, unterwegs zum selben Gipfel. Mit anderen Worten: Das göttlich Eine kann auf verschiedenen Wegen angesteuert werden. Mögen einzelne Wege länger als andere sein, mag der Zugang auf dem einen Weg steiler als auf einem anderen sein, vom Ziel her gesehen sind alle gleich gültig. Absolutheitsansprüche oder Überlegenheiten einzelner gegenüber anderen sind fehl am Platz und dem Wesen der Gesamtsicht der Wirklichkeit entgegengesetzt.

Es ist dieses vielfältige Angebot ohne Verdammungen und Ausgrenzungen, das eine große Faszination beim Parlament der Religionen 1893 in Chicago auf die amerikanischen Hörerinnen und Hörer ausübte, als Vivekananda die Grundpositionen des Hinduismus in englischer Sprache darlegte. Die Begeisterung war so groß, dass er im Anschluss zahlreiche Vorträge in den Vereinigten Staaten halten musste und viele Amerikanerinnen und Amerikaner zum Hinduismus übertreten wollten. Die Konversionswilligkeit löste eine Krise innerhalb des Hinduismus aus. Traditionellerweise konnte man nämlich nur als Hindu geboren werden, spätere Übertritte in diese Religion waren nicht möglich. Das große Interesse an einer Konversion verlangte nach neuen Möglichkeiten. Man erfand zunächst die Ramakrishna-Mission als eine Art Untergruppierung (*jati*) von Konvertiten, die als solche dann in den Hinduismus aufgenommen werden konnten. In der Folgezeit wurden die Auslegungen flexibler, so dass heute regelrechte Übertritte in den Hinduismus möglich sind. Die Konsequenz aus dieser Interpretationsgeschichte war, dass von den 1960er Jahren an auch aktiv Mission durch hinduistische Gruppen betrieben werden konnte. Bekannt sind in Deutschland die Gesellschaft für Krishna-Bewusstsein (ISKCON, früher Hare-Krishna), die Osho des Bhagwan oder die Transzendentale Meditation des Maharishi Mahesh Yogi, um nur einige zu nennen. Hinzu kommen zahlreiche Swamis europäischer Herkunft, die bei allen Hindufeierlichkeiten in Europa neben aus Indien stammenden Swamis auftreten. Die Konversionen und die Migration von Hindus nach Großbritannien, Kanada und in die USA sowie die Verpflanzung großer hinduistischer Bevölkerungsgruppen während der britischen und niederländischen Kolonialzeit nach Afrika, in den Pazifischen Raum und nach Südamerika haben bewirkt, dass aus der ursprünglich weitestgehend auf den indischen Subkontinent beschränkten Religion inzwischen eine weltweit verbreitete Religion geworden ist, die sich dadurch auch neuen Herausforderungen bezüglich Anpassung und Abgrenzung stellen muss.

Die Welt des Buddhismus ist vielfältig und wenig einheitlich. Es gibt Theravada-Buddhisten in Sri Lanka, Thailand, Myanmar (früher Birma), Laos, Kambodscha und Vietnam, es gibt Mahayana-Buddhisten in China, Korea und Japan, und es gibt Vajrayana-Buddhisten im Himalaya und in Tibet. Hinzu kommen die Unterschiede innerhalb dieser drei Richtungen mit jeweils zahlreichen Lehrtraditionen und Schulen. Das Einzige, was all diese gemeinsam haben, ist, dass sie sich auf den historischen Buddha als ihren Gründer berufen und behaupten, seine Lehre weiterzugeben. Deshalb lässt sich historisch nur wenig Sicheres darüber sagen. Viele Forscher neigen dazu, sich im Dickicht der Legenden und Überlieferungen an dem zu orientieren, was die Theravada-Buddhisten für die Lehre des Buddha halten. Denn die Theravada-Buddhisten sind aus der Gruppe hervorgegangen sind, die sich bei den Spaltungen, die den ersten schriftlichen Niederlegungen der Lehre des Buddha im sog. „Pali-Kanon" voraufgingen, als „Älteste" (*sthavira*) wegen ihres Rigorismus von den Mönchen der „Großen Gemeinde" (*mahasanghika*) trennten und erklärten, die alte Lehre aufrechtzuerhalten. Sie begründeten die spätere Theravada-Richtung, während die *mahasanghika* sich als Mahayana-Richtung etablierten und die Theravada-Buddhisten als Hinayana-Buddhisten bezeichneten. Diese folgendschwere Trennung ereignete sich zur Zeit des Kaisers Ashoka (ca. 268–233) und wird mit dem 3. Konzil in Verbindung gebracht, das in Pataliputra stattfand. Diesem Konzil waren bereits zwei andere (in Rajagriha und Vashali) vorausgegangen. Bezüglich der Lehre des Buddha folgt die vorliegende Darstellung der Theravada-Deutung.

1. Der Buddha

Ob der Buddha historisch gelebt hat, war lange Zeit in der Wissenschaft umstritten. Erst der Fund einer Specksteinurne mit einer Inschrift, die Buddha erwähnt, lieferte 1898 den archäologischen Beweis seiner historischen Existenz. Umstritten ist jedoch nach wie vor, wann der Buddha gelebt hat. Die meisten Forscher sind für die Zeit von 560–480 v.u.Z., Heinz Bechert (1932–2005) und andere plädieren für hundert Jahre später. Tatsache ist, dass der Buddhismus bereits zur Zeit des Kaisers Ashoka eine beträchtliche Ausbreitung hatte und dank seiner Unterstützung seine missionarischen Aktivitäten erheblich ausgeweitet und die Lehre erfolgreich in andere Länder getragen hatte.

Trotz aller Legendenbildung scheint sicher, dass der Buddha im Nordosten Indiens zwischen Nepal und dem Fluss Ganges gelebt und gewirkt hat. Sein Name war Siddharta aus der Familie der Gautama, die zum Kriegerstand der Kshatriya gehörte und somit dem Hinduismus angehörte. Die Kshatriya stehen an zweiter Stelle hinter den Brahmanen. „Angehörige der Kriegerkaste dürfen die heiligen Texte des Veda kennen, aber nicht lehren; sie dürfen opfern, aber nur für sich, für andere nicht."[22]

Der Buddha wurde der Legende nach auf wundersame Weise empfangen und auf die Welt gebracht (eine Art Jungfrauengeburt). Sein Vater hat gleich nach seiner Geburt die Weissagung erhalten, dass sein Sohn entweder ein großer Herrscher oder ein bedeutender Religionsstifter werden würde. Um Letzteres zu verhindern, habe er ihn streng behütet im Palast unter idealen Bedingungen aufwachsen lassen. Nachdem er auf diese Weise nur die angenehmen Seiten des Lebens kennen gelernt hatte, eine glückliche Ehe eingegangen war und einen Sohn Rahula hatte, soll er begonnen haben, sich für das Leben, wie es wirklich ist, zu interessieren. Vier Ausfahrten, die er heimlich unternahm, sollen diese Erkenntnis ermöglicht haben. Dabei sah er einen Kranken, einen Alten und einen Toten sowie einen Asketen. Diese Begegnungen veränderten sein Weltbild. Er begriff, dass das Leben nicht nur schöne Seiten hat, sondern unweigerlich auf Leiden und die Endlichkeit zusteuert. Während Krankheit bei jedem Menschen auftreten kann, aber nicht muss, ist das Altern ein nicht aufzuhaltender Prozess, der dann wirksam wird, wenn man lange genug gelebt hat. Ganz sicher aber ist der Tod als Schicksal eines jeden Menschen. Niemand kann ihm entgehen, sei es in jungen Jahren oder im hohen Alter, sei es aufgrund von gewaltsamen Einflüssen von außen, wegen einer todbringenden Krankheit oder als natürlicher Vorgang. Unweigerlich steuert jeder Mensch darauf zu. Einen Ausweg hieraus bietet nur die Askese. Daher beschließt der Buddha, seine Familie zu verlassen und in die „Hauslosigkeit" zu ziehen, um die Erlösung zu suchen.

Auf der Suche nach Erlösung schließt sich der Buddha verschiedenen Lehrmeistern (Gurus) an und unterwirft sich und seinen Körper dabei äußerst radikalen Kasteiungen und Fastenpraktiken. Seine Lehrmeister verblüfft er dadurch, dass er alle Ziele rasch erreicht, doch kein Ergebnis befriedigt ihn. Daraufhin beschließt er, von all diesen extremen Aktionen abzulassen und einen Mittelweg zu wählen. Unbeirrt in seiner Suche lässt er sich unter einem Baum (Ficus religiosa, Bodhi-Baum) nieder und will nicht von der Stelle weichen, bis ihm aufgeht, was das Rad der Wiedergeburt in Gang hält. Dies erkennt er mit ca. 35 Jahren, die restlichen 45 Jahre seines Lebens verbringt er damit, diese Einsicht anderen Menschen zu verkünden. Durch das, was unter diesem Bodhi-Baum geschieht, wird er ein „Erwachter" bzw. ein „Erleuchteter", ein „Buddha". Diesen Ehrentitel hat ihm die Tradition verliehen, um herauszustellen, dass ihm das „Erwachen" bzw. die „Erleuchtung", die „bodhi", zuteil geworden ist.

[22] Handbuch Religionswissenschaft, S. 348.

Die Lehre des Buddha geht von der Wiedergeburt als Tatsache aus. Sie fragt nicht danach, wie der Mensch in den Kreislauf hineingekommen ist, noch, warum es die Wiedergeburt gibt. Einer alten Überlieferung zufolge will der Buddha nicht den Fehler machen, den seiner Meinung nach die Hinduphilosophen machen. Sie gleichen nämlich – so sagt diese Überlieferung – jenen, die einen Menschen sehen, der von einem giftigen Pfeil getroffen ist und, statt ihm den Pfeil herauszuziehen, lieber fragen: Wer hat ihn abgeschossen, welche Tatabsicht stand dahinter, welches Holz wurde für den Bogen verwendet und so weiter, und – so der Buddha nach dieser Überlieferung – noch bevor all diese Fragen beantwortet sind, wird der vom Pfeil getroffene Mensch gestorben sein. Ziel des Buddha ist daher – um im Bild zu bleiben –, den Pfeil herauszuziehen und alle anderen Fragen erst einmal auszusetzen, weil sie für die Lösung des Problems nichts bringen. Somit ist die wichtigste Frage nicht, wie sind die Menschen in den Kreislauf der Wiedergeburt hineingekommen oder warum gibt es ihn bzw. wie hat er begonnen, wichtig ist einzig und allein die Frage, wie kommt der Mensch aus dem Kreislauf der Wiedergeburt heraus. Was muss er wissen und tun, damit das Geborenwerden, Sterben und Wiedergeborenwerden endgültig aufhört.

Die Antwort auf all diese Fragen liegt in der Erkenntnis, dass die Wurzel allen Unheils das Nichtwissen über die wahren Sachverhalte der Existenz, nämlich über die Nichtexistenz des Ichs ist. Der Glaube an das Ich bewirkt das karmisch bedingte Verhaftetsein im Dasein. Er entsteht als Folge eines Ichwerdungsprozesses, der zwei Komponenten hat: eine räumliche und eine zeitliche.

Die räumliche Ichwerdung vollzieht sich, wenn ein Kind begreift, dass alles an seinem Körper ihm gehört. Bildlich meint dies den Moment, in dem etwa eines von zwei eineiigen Zwillingen, die nebeneinanderliegen, zu denken beginnt, dass wenn dieses Bein hochgehoben wird, es sich um sein Bein handelt, dass wenn dagegen das Bein des Zwillingsgeschwisters hochgehoben wird, dieses nicht sein Bein ist. Und wie mit dem Bein ist es mit der Hand, d.h. der Ichwerdungsprozess vollzieht sich durch Identifikation der verschiedenen Körperteile mit der Idee des Ichs als letzter Einheit für den ganzen Körper, vom Scheitel bis zur Sohle. Dass dieser Prozess einige Zeit in Anspruch nimmt, zeigt die Erfahrung des Spracherwerbs bei Kindern. Das Kind spricht zunächst über sich in der 3. Person: „Katharina möchte das oder das." In einem weiteren Schritt folgt die Anrede „Du" und weiter dann die Abgrenzung vom Du und dem Es der Sachen. Erst wenn das alles durchlaufen ist, kommt es zum Ich-Sagen des Kindes. Somit durchläuft der Prozess der Ichbildung bzw. Ichwerdung des Kindes drei Phasen: Die Fremdaussage über das Kind in Form der 3. Person, die Ausbildung des Du im Gegenüber zum Kind und schließlich das Ich des Kindes selbst. Die Rede von der Ichwerdung beschreibt die Entwicklung eines sich allmählich herausbildenden Ich-Bewusstseins und deutet damit an, dass dieses Bewusstsein von außen hineingetragen und erst dann als Ein-Bildung langsam wirksam wird. Die zeitliche Komponente unterstreicht diesen Prozess des Werdens.

Die zeitliche Ichwerdung verweist auf lebenslange Kontinuität des Ichs, die angesichts vieler Bilder aus unterschiedlichen Lebensphasen zum Ausdruck gebracht wird, wenn gesagt wird: Das bin ich als Kind im Kinderwagen, als Kind bei der Einschulung, nach dem Abitur, bei der Hochzeit, beim 25-jährigen Berufsjubiläum usw. Obwohl die auf diesen Bildern dargestellten Personen kaum Ähnlichkeiten untereinander aufweisen, wird von einer Identität die ganze Zeit hindurch ausgegangen, die durch den Bezug auf das Ich zum Ausdruck kommt.

Die räumliche und die zeitliche Ichwerdung nähren also die Illusion, als gäbe es so etwas wie ein Ich. Sie vermitteln die Vorstellung von einem real existierenden Ich und verwischen den Eindruck vom Ich als mental relevanter Einbildung oder Illusion. Dementsprechend beginnt das Ich immer mehr unter der karmischen Verstrickung zu leiden und sieht sich auf diese Weise in den Kreislauf der Wiedergeburt eingebunden. Damit ist jener fatale Weg beschritten, aus dem kein Entrinnen mehr möglich ist, weil gute Taten zu guter Wiedergeburt, böse zu schlechter Wiedergeburt führen. Gar keine Wiedergeburt ist in dieser Sichtweise nicht möglich. Um wirklich aus dem Ganzen auszuscheiden, bedarf es der Einsicht, dass alle Lebewesen im Kern selbst-lose Weltlinge sind. Diese Erkenntnis löst nicht das Ich auf – das Ich gibt es ja ohnehin nicht! –, sondern sie entlarvt den Glauben an die Existenz des Ichs als Einbildung (Illusion) und entzieht damit dem *karma* seinen Boden. Das Ich erlischt wie die Flamme, der der Brennstoff ausgeht. Dieses Erlöschen heißt im buddhistischen Sanskrit „Nirvana“. Es kann schon im Diesseits erreicht werden und ist mit dem historischen Tod eines zur Selbst-losigkeit Erwachten endgültig.

Wenn dem so ist, dann stellt sich die Frage, was eigentlich wiedergeboren wird. Die Antwort des Buddha auf diese Frage wird „Kausalnexus“ oder „Bedingte Entstehung“ genannt. „Eine zwölfgliedrige Kette demonstriert exemplarisch an drei aufeinander folgenden Leben die Verknüpfung von Ursachen und Wirkungen. Alles beginnt mit der Unkenntnis der wahren Wirklichkeit des Weltlichen. Unkenntnis hat in der vergangenen Daseinsform ein entsprechendes Verhalten (Karman) bedingt. Diese Karmaformationen bedingen die Wiedergeburt und das Bewusstsein, das ins neue Leben hinüberwechselt. Bewusstsein wird Ursache der neuen Person (nāma-rūpa, ‚Geistiges und Körperliches‘, Formel für das fünfteilige Persönlichkeitsmodell). Geistiges und Körperliches bedingen sodann die ‚sechs Grundlagen‘ (die Organe des Hörens, Sehens, Riechens, Schmeckens, Spürens sowie das Bewusstsein), die ihrerseits den jeweiligen Bewusstseinseindruck bedingen (wenn man z.B. etwas oder jemanden erblickt). Eindrücke wecken Gefühle. An dieser Stelle kommt die Unwissenheit ins Spiel. Herrscht sie vor, dann folgt aus Gefühlen Begehren und aus Begehren wird Anhaften. Anhaften aber setzt den Werdeprozess in Gang, der zu neuer Geburt führt. Im dritten, dem kommenden Leben läuft alles wieder ebenso ab und endet erneut mit Altern und Sterben.“[23]

Hans Wolfgang Schumann erklärt das, was bei der Wiedergeburt nach buddhistischem Verständnis vonstatten geht, an einem Beispiel: „Obwohl das Beispiel hinkt, kann man sich den Vorgang an Billardkugeln veranschaulichen. Das Anstoßen einer Kugel genügt, um sie ein Stück rollen und die nächste Kugel in Bewegung setzten zu lassen. Diese gibt den Bewegungsimpuls an die dritte weiter. Materiell geht nichts von Kugel zu Kugel über, aber jede bedingt durch ihren Anstoß das Rollen der folgenden und gibt dieser eine bestimmte, keineswegs zufällige Richtung.“[24] Präzise hat Wilhelm Busch diese Lehre von der Wiedergeburt, oder wie er sagt, von der „Wiederkehr“, auf den Punkt gebracht, wenn er schreibt:

Die Lehre von der Wiederkehr
ist zweifelhaften Sinns.
Es fragt sich sehr, ob man nachher
Noch sagen kann: Ich bin’s.[25]

Wiedergeboren werden kann man – wie im Hinduismus – als Tier wie als Mensch, aber auch je nach *karma* als göttliches Wesen in einer himmlischen Welt oder als grausam gequältes Wesen in einer Höllenwelt. Von allen Existenzformen ist die als Mensch die beste, weil sie allein die Möglichkeit der Erlösung bietet. Selbst-losigkeit ist dafür die notwendige Voraussetzung. Diese kann durch Erkenntnis, sie kann aber auch praktisch erlangt werden.

Die Erkenntnis umfasst die vier edlen Wahrheiten:

„1. Die Edle Wahrheit vom Leiden: Geburt, Alter, Krankheit, Sterben, mit Unlieben vereint, von Lieben getrennt sein, nicht zu erlangen, was man begehrt, alle fünf Gruppen des Ergreifens (*skandha*)[26], also letztlich die gesamte menschliche Existenz, sind leidvoll.

2. Die Edle Wahrheit von der Entstehung des Leidens: Die Gier nach Sinnenlust, Werden und Vernichtung führt zu ständiger Wiedergeburt.

3. Die Edle Wahrheit von der Aufhebung des Leidens: Dieser Durst muss durch Gleichmut aufgehoben werden, bis man ganz frei davon ist.

---

[23] Handbuch Religionswissenschaft, S. 357.

[24] Hans Wolfgang Schumann: Buddhismus. Stifter, Schulen und Systeme,Olten-Freiburg 1976, S. 80.

[25] Wilhelm Busch: Tröstlich, in ders.: Gedichte, hrsg. von Friedrich Bohne, Zürich 1974, S. 150.

[26] Die *skandha* beziehen sich auf das, was oben das fünfteilige Persönlichkeitsmodell genannt wurde.

4. Die Edle Wahrheit von dem zur Aufhebung des Leidens führenden Pfad. Der Weg zur Aufhebung des Leidens ist der edle achtgliedrige Pfad [...].

Diese vier edlen Wahrheiten sind vielfach mit dem Vorgehen eines Arztes verglichen worden, nämlich zuerst die Diagnose, dann die Suche nach der Ursache, die Wahl der Therapie und das Verabreichen der Medizin. Die Diagnose lautet ‚Leiden', ihre Ursache ist die Gier nach Leben und Sinnengenüssen, die Therapie ist das Entfernen dieser Gier, und die Medizin, die die Gier vertreibt, bildet der edle achtteilige Pfad."[27]

Als Orientierung für die Praxis gilt der achtgliedrige Pfad: rechte Sicht, rechte Gesinnung, rechte Rede, rechtes Handeln, rechte Lebensführung, rechtes Bemühen, rechte Achtsamkeit und rechte Konzentration. Dabei beziehen sich rechte Gesinnung, rechte Rede und rechtes Handeln „auf die drei Arten des Karmas: Gedanken, Worte und Werke. Wenn diese drei in buddhistisch rechter Weise praktiziert werden, haben sie Auswirkungen auf die Lebensführung, den fünften Punkt zum Beispiel bei der Wahl des Berufes – alle Tätigkeiten, die mit dem Töten verbunden sind, sind für einen buddhistischen Laien nicht akzeptabel. Für den Mönch ist die einzig mögliche Form des Lebensunterhaltes das Bitten um Almosen. Das sechste und siebte Glied der Achterreihe, rechtes Bemühen und rechte Achtsamkeit, beziehen sich auf die ersten fünf Glieder, um deren Kontrolle man sich stets auf rechte Art bemühen soll. Mit Achtsamkeit wird im Buddhismus eine strenge Selbstbeobachtung bezeichnet, die in kleinen Schritten jeden Vorgang, sei er körperlich, emotional oder intellektuell, beobachtet und bewusst macht. Dieser Zustand der Bewusstheit ist stets beizubehalten. Rechte Konzentration bildet den Abschluss des mittleren Pfades, eine Meditationsform, bei der der Geist auf einen Punkt reduziert wird, bis sich für den Meditierenden der Unterschied zwischen Subjekt und Objekt aufhebt und die Sinnenwelt für ihn verschwindet. In diesem Moment ist auch das Leiden, das in der Gier nach diesen Sinnenobjekten besteht, aufgehoben."[28] Dies alles betrifft vor allem die Mönche. Für die Laien reduzieren sich die Verhaltensvorschriften auf fünf: nicht töten, nicht lügen, nicht stehlen, nicht ehebrechen, keinen Alkohol trinken.

Die Einsicht des Buddha zeigt, wie radikal die hiermit verbundene Reformbewegung im Vergleich zur vedischen Religion und dem beginnenden klassischen Hinduismus gewesen ist. Es ist eine antiklerikale Bewegung, denn die Opfer der Brahmanen sind für die Erlangung der Erlösung ebenso nutzlos wie das Interpretationsmonopol der Brahmanen. Die Bewegung des Buddha ist zudem sozialrevolutionär, weil sie die bislang vorherrschende Ständeordnung ablehnt und die Erlösung allein von der Einsicht eines jeden Menschen – unabhängig von seiner Standeszugehörigkeit (*varna*) oder seiner gruppenspezifischen Einordnung (*jati*) abhängig macht. Des Weiteren ist sie antiritualistisch, indem

[27] Religionen und Kulturen der Erde, S. 159f.

[28] Religionen und Kulturen der Erde, S. 160.

sie die brahmanischen Opferrituale ablehnt und Tierschlachtung – auch wenn sie nur rituellen Zwecken dient – generell verbietet. Die Bewegung ist darüber hinaus antitheistisch, weil sie die Erlösung und nicht die Götter und deren Schutz in den Vordergrund stellt, ja sie degradiert die Götter sogar zu Hilfsgeistern des Buddha. Die Bewegung ist auch antimetaphysisch, indem sie durch Leugnung eines Selbst (*atman*) der Atman-Brahman-Spekulation den Boden entzieht und auf Selbst-losigkeit beharrt sowie im Beispiel vom Pfeil-Herausziehen klar macht, dass es auf das heilbringende Handeln und nicht auf spekulatives Fragen nach den Anfängen und Hintergründen ankommt. Schließlich ist die Bewegung sowohl antiasketisch als auch antihedonistisch, weil sie von übertriebener Selbstkasteiung ebenso wenig hält wie vom Streben nach Sinnengenuss. All dies legt nahe, dass eine solche Bewegung innerhalb des Hinduismus keinen Platz hat und durch den Wahrheitsanspruch ihrer Lehre sich gewissermaßen selbst exkommuniziert.

3. Der Theravada-Buddhismus

Der Theravada-Buddhismus ist die Richtung des Buddhismus, die den bislang hier vorgetragenen Gedankengängen am nächsten steht. Er erkennt einzig und allein den Pali-Kanon als Quelle für das Buddha-Studium an, also jenen „Dreikorb" (Tripitaka), der aus den drei Büchergruppen besteht: dem Vinaya-Pitaka (Korb der Ordensdisziplin), dem Sutta-Pitaka (Korb der Lehrreden) und dem Abhidhamma-Pitaka (Korb der Lehrbegriffe). Er heißt Pali-Kanon, weil er in Pali, einer indischen Kunstsprache (der Buddha selbst sprach Magadhi) überliefert ist. Er enthält all das, was alle Richtungen des Buddhismus als authentische Überlieferung anerkennen.

Im Vordergrund stehen neben der Lehre des Buddha – dem Dharma (Pali: *Dhamma*) – die Ordensregeln, d.h. das Leben in der Gemeinschaft der Mönche, der Sangha, so dass die Anhängerschaft in vier Gruppen unterteilt werden kann: Mönche, Nonnen, Laienanhänger und Laienanhängerinnen. Allein den Mönchen ist danach die Erlösung an Ende ihres Lebens möglich. Alle anderen müssen wiedergeboren werden, bis sie als Mönche die Erlösung erlangen. Obwohl der Buddha noch zu seinen Lebzeiten auch Nonnen zum Sangha zugelassen hat, haben sie einen deutlich niedrigeren Status als die Mönche. Gleiches gilt für die Laien, die durch Almosen an die Mönche und Nonnen gutes *karma* erwerben können. Die Mönche revanchieren sich durch Belehrung im Sinn des Buddha, zur Erlösung selbst ist all dies jedoch nicht ausreichend. Eine Verbesserung der Lage ist für Laienanhänger in einigen Theravada-Ländern dadurch möglich, dass sie eine Zeit lang ins Kloster gehen und sich gewissermaßen in Form eines Intensivkurses auf die Einübung von Selbst-losigkeit einstellen. Auch wenn die Einsicht selbst noch fehlt, so ist durch diese praktischen Formen der Lebensführung eine Imitation des Erleuchteten möglich, die die Chancen zum Erlangen der Erleuchtung deutlich verbessert.

Das Weltbild des Theravada-Buddhismus „interpretiert das Weltgeschehen als ein Zusammenspiel unbeständiger Daseinsfaktoren. Diese Daseinsfaktoren, die Dharmas, sind vergänglich, leidvoll und wesenlos, d.h. sei enthalten keine Seele. Sie entstehen in Abhängigkeit voneinander und vergehen in dem Moment, in dem sie entstehen. Alle Dinge, die wir wahrnehmen, auch der Mensch, bestehen aus solchen momentanen Daseinsfaktoren. Durch die Scholastiker wurden diese Dharmas weiter unterteilt in bedingte und unbedingte. Der nichtbedingte Dharma ist das Nirvâna, das damit vom einfachen Aufhören der Wiedergeburt, wie der frühe Buddhismus lehrte, zu einem Zustand wird.

Diese Theorie der Daseinsfaktoren erklärt die Welt unpersönlich, ohne ein innewohnendes Wesen, einen Träger der Realität. So schließt sie sich an den Lehrsatz vom Entstehen in Abhängigkeit an, der ähnliches für die Wiedergeburt leistet. Die Welt wie auch der Mensch, der in ihr lebt, sind beide das Produkt von unpersönlichen, zusammenwirkenden Gegebenheiten, die vergänglich und leidvoll sind.“[29]

Ziel des Mönchseins ist es, ein Arhat (sanskr.: Ehrwürdiger, Heiliger, Vollendeter) zu werden, wobei zwischen solchen niedriger Ordnung und solchen höherer Ordnung unterschieden wird. Beide erreichen ihr Ziel durch genaue Beachtung der Regeln, eine Art Askese, die geistige Befähigungen nach sich zieht und im Fall der Arhats höherer Ordnung sogar zu besonderen Fähigkeiten wie Wunderwirken oder tiefer mystischer Erfahrung führen kann. Beide Formen von Arhats können nur von Mönchen und Nonnen erreicht werden. Es handelt sich um Ideale, die nur die erlangen können, die sich der buddhistischen Lebensführung und Weltsicht ganz hingeben. Es sind die Ziele des – wie von mahayanistischen Kritikern dieser Form des Buddhismus oft verachtend eingewandt wird – „kleinen Fahrzeugs“ (Hinayana), bei dem die Erlösung von jedem Einzelnen angestrebt wird und als Ziel offenbar auch ausreichend ist. Die anderen gehen diese Selbst-losen nichts mehr an. Jede/r fährt gewissermaßen in einem eigenen Einsitzer ins Nirvana, ohne sich um die Zurückgebliebenen zu kümmern. Das ist beim „großen Fahrzeug“ (Mahayana) anders.

4. Der Mahayana-Buddhismus

Der Mahayana-Buddhismus setzt dem Ideal des Arhat sein eigenes, das des Bodhisattva entgegen. Bodhisattvas sind Wesen, die eigentlich die Buddhaschaft schon erlangt haben, darauf aber verzichten, weil sie aus Mitleid zu den Menschen möglichst viele retten und in ihrem „großen Fahrzeug“ mitnehmen wollen, um mit ihnen gemeinsam ins Nirvana zu fahren. Das große Fahrzeug ist für alle

[29] Religionen und Kulturen der Erde, S. 164.

(lat.: *omnibus*) offen, also ein Omnibus als Heilsfahrzeug für Laien wie Mönche und Nonnen. Durch die Verehrung des Bodhisattva erwirbt der/die Gläubige gewissermaßen den Fahrausweis, um mitgenommen und gerettet zu werden. Die Weisheit und das Mitgefühl des Bodhisattva lassen diesen zum Erlöser der auf Erlösung wartenden Menschen werden. So gesehen sind „kleines Fahrzeug" und „großes Fahrzeug" Programme verschiedener Formen von Religion und Religiosität. Im Theravada-Buddhismus kommt es auf das eigene Tun an, niemand kann für andere *karma* beseitigen, beim Mahayana-Buddhismus handelt es sich um eine Gnaden- und Erlöserreligion, deren Bodhisattvas und Buddhas zu himmlischen Paradiesen unterwegs sind.

Der Mahayana-Buddhismus kennt mehrere Erlösungswege: „Als erstes den Weg der Selbsterlösung durch Disziplin und das Befolgen des achtfachen Weges [...]. Dieser wird von einem Mâhayânin als zu schwer empfunden.

Der zweite Weg erfordert Weisheit. Erst die Einsicht in die Lehrinhalte, die Erkenntnis, dass alle Dinge gleichermaßen leer (*shûnya*) und damit bedeutungslos sind, hebt die Gier (*trishnâ*) und die Unwissenheit (*avidyâ*), die die Ursache für das Verbleiben im Wiedergeburtenkreislauf (*samsâra*) ist, auf, und es folgt keine weitere Wiedergeburt mehr.

Der dritte Weg erfordert vom Anhänger ein hohes Maß an gläubigem Vertrauen (*shraddhâ*). Wenn der Gläubige sein ganzes Vertrauen auf einen Buddha der Sambhogakâya-Ebene richtet, kann er dadurch eine Wiedergeburt in einem der Paradiese erreichen und dort so lange verweilen, bis er die Weisheit und den Gleichmut für die Erlösung erlangt hat.

Der vierte Weg ist der Bodhisattva-Weg, sowohl aktiv als auch passiv. Der passive Weg besteht in Fremderlösung durch die Übertragung des religiösen Verdienstes auf einen anderen Menschen. Aktiv bedeutet es, selbst den Bodhisattva-Eid abzulegen und den Menschen bei der Erlösung zu helfen. Dieses ist sicherlich der schwierigste Weg, den der Buddhismus bietet.

Der fünfte Weg ist der der Verehrung und des Kultes, dessen Handlungen selbst dann noch wirksam sind, wenn sie mit geteilter Aufmerksamkeit geschehen – der sicher einfachste Weg, zum Heil zu gelangen."[30]

Die verschiedenen Erlösungswege lassen erahnen, dass dahinter zahlreiche philosophische Lehrtraditionen und buddhistische Schulen stehen, die darzustellen weit über den hier gesteckten Rahmen hinausgehen würden. Hinzu kommen unterschiedliche Verhaltensweisen des Buddhismus im politischen Umfeld seiner jeweiligen Erscheinungsform. In China und Japan z.B. überlässt er die Verantwortung für die Ordnung der Gesellschaft den dort existierenden anderen Institutionen wie dem Konfuzianismus (China) und dem Shintoismus (Japan) und bietet sich ausschließlich als Gnadenreligion dar. Dennoch begreifen sich die Mahayanins nicht als Vertreter einer neuen Religion, sondern sehen ihre Lehren nur als

[30] Religionen und Kulturen der Erde, S. 168.

Neuinterpretationen des theravadischen Gedankengutes, das sie auch schriftenmäßig durch zahlreiche zusätzliche Lehrreden (Sutras wie z.B. das Lotus-Sutra oder das Herz-Sutra) erweitert haben. Im Wesentlichen liegen die Lehrunterschiede in der Deutung der Buddhas, die für sie metaphysisch als göttliche Wesen und nicht als besonders begabte Menschen gesehen werden, in der Bedeutung der Bodhisattvas als Erlösergestalten und in der Deutung der Leere als Kern aller Existenz.

Aus der Fülle der Schulen seien lediglich diese kurz erwähnt:

Die von Nargajuna im 1. Jahrhundert u.Z. gegründete philosophische Schule des Madhyamaka (der mittlere Weg) oder Shunyatavada (Schule der Leere) fragt nach dem Unterschied zwischen Nirvana und Verhaftetsein im Kreislauf der Wiedergeburt. Sie lehrt, dass alle Wesen „leer", weil ohne Selbst sind. Die Erleuchteten wissen dies, die noch nicht erleuchteten Menschen dagegen glauben, ein Ich zu haben. Somit ist die Wahrheit auf höherer Ebene die, dass Nirvana und Kreislauf der Wiedergeburt in Wirklichkeit dasselbe sind, während denen, die noch auf der Ebene der relativen Wahrheit sind, das Verhaftetsein im Kreislauf der Wiedergeburt als Wirklichkeit vorkommt. Der Unterschied ist folglich mental oder nicht real existent, weil die Leere der wahre Kern aller Existenz ist.

Die im 4. Jahrhundert entstandene Schule des Vijnanavada oder Yogacara lehrt, dass der Geist die einzige Realität ist und die Mannigfaltigkeit der empirischen Wirklichkeit nur aus dem Bewusstsein der Einzelperson entspringt. Man geht dabei davon aus, dass das Bewusstsein mehrfachen Spaltungen unterliegt, die in dieser Schule detailliert analysiert werden. Auch die Buddhas entsprechen solchen geistigen Schöpfungen, die in der sog. Drei-Körper-Lehre auf drei Ebenen angesiedelt sind: im Dharmakaya – dem Bereich der Verkörperungen transzendenter Buddhaheit, im Sambhogakaya – dem Bereich des Genusses in Form von Buddhas, die Herren über Paradiese sind, und im Nirmanakaya – dem Bereich irdischer Buddhas in menschlicher Gestalt.

Die Schule des Reine-Land-Buddhismus praktiziert einen Andachtsbuddhismus, in dessen Mittelpunkt der Buddha Amitabha (jap. Amida) steht, ein transzendenter Buddha, der über ein wunderbares Paradies herrscht. Wer in diesem Reich wiedergeboren wird, erlangt mit Sicherheit das Nirvana. Das ständige Rezitieren des Namens Amitabha bzw. Amida soll helfen, stets auf das Kommen dieses Buddha vorbereitet zu sein und im Tod nicht von seinem Erscheinen überrascht zu werden.

Die Schule des Zen-Buddhismus stammt ursprünglich aus China und stellt eine Art Sammlung unterschiedlicher Praktiken dar, von denen in Europa die Rinzai-Schule und die Soto-Schule die bekanntesten sind. Inhaltlich unterscheiden sich diese beiden Richtungen nicht, der Unterschied liegt vielmehr in der Praxis. Die Rinzai-Schule, die auf Eisai (1141–1215) zurückgeführt wird, in Wirklichkeit aber wohl erst zwei bis drei Jahrzehnte nach seinem Tod entstanden ist, betont das Koan, paradoxe Formulierungen wie etwa „Erleuchtung ist wie das Klatschen mit einer Hand", um mentale Verunsicherung auszulösen und dadurch einen Akt des spirituellen Durchbruchs als Form der Erkenntnis (*satori*) zu erleben. Demgegenüber lehrt die Soto-Schule, von Dogen Kigen (1200–1253) von China nach Japan gebracht, dass die Erleuchtung vornehmlich mit Effekten aus Sitzübungen (Zazen) gleichzusetzen ist.

5. Der Vajrayana-Buddhismus

Der Vajrayana-Buddhismus ist die Form des Mahayana-Buddhismus, die besonders auf magische Wirkungen von religiösen Texten oder rituellen Handlungen Wert legt. Dazu gehören das Singen bestimmter religiöser Formeln (Mantras) und der rituelle Tanz. Die Texte des Vajrayana werden als *tantra* (Faden) bezeichnet.

Heute gibt es all diese Richtungen des Buddhismus auch in Westeuropa und in Amerika. Während Ende des 19. Jahrhunderts und zu Beginn des 20. Jahrhunderts die ersten Deutschen sich aufgrund des Studiums des Pali-Kanons und anderer Texte aus dem Theravada-Buddhismus zum Buddhismus als „atheistischer Religion" (Helmuth von Glasenapp, 1891–1963) bekehrt und erste buddhistische Gemeinden in Deutschland gegründet haben, ist das Erscheinungsbild des Buddhismus in Europa heute sehr vielfältig und umfasst praktisch alle gegenwärtig relevanten Richtungen dieser Religion. Vor allem die Aktivität des Dalai Lama trägt dazu bei, dass sich viele Europäer vom Buddhismus angesprochen fühlen und sich buddhistisches Gedankengut zu eigen machen, auch wenn sie formal nicht zu dieser Religion übertreten.

Jainismus

Die dritte große Religion, die in Indien aus der vedischen Religion hervorgegangen ist, ist der Jainismus, der wie der klassische Hinduismus und der Buddhismus als zentralen Ausgangspunkt die *karma*-Lehre hat und von dem Glauben ausgeht, dass der Mensch wie alle anderen sichtbaren und unsichtbaren Lebewesen in den Kreislauf der Wiedergeburt (*sansara*) eingebunden ist und danach strebt, daraus erlöst zu werden.

Die Anfänge des Jainismus liegen im Dunkeln. Dennoch deutet vieles auf Parallelen zur Entstehung des Buddhismus hin. Als Stifter gilt eine Persönlichkeit, die in einer langen Reihe von „Jinas" („geistlichen Helden", daher die Benennung der Religion als Jinismus bzw. Jainismus) steht und als 24. Jina von der späteren Geschichtsschreibung den Ehrentitel „Mahavira" („Großer Held") erhielt. Mahavira soll wie der Buddha und fast gleichzeitig mit ihm in Magadha (heute Bihar) in Indien gelebt haben. Nach der Tradition der Shvetambara war er verheiratet und Vater einer Tochter, nach der Tradition der Digambara dagegen war er unverheiratet, bevor er im Alter von 30 Jahren aufbrach und nach einigen asketischen Übungen die Erlösung erlangte. Danach verkündete er seine Lehren und versammelte Anhänger um sich. Als er im Alter von 72 Jahren starb, zählte seine Gemeinde eine große Zahl von Mönchen, Nonnen und Laien als Anhänger.

Ende des 1. Jahrhunderts u.Z. spaltete sich die Mönchsgemeinde in zwei Richtungen, da eine Einigung über Fragen der Lebensführung nicht möglich war: die konservativen Digambara („Luftbekleideten“) hielten an Mahavira als Vorbild fest und bestanden darauf, weiterhin völlig unbekleidet bzw. „luftbekleidet“ umherzuziehen und Frauen als nicht erlösungsfähig anzusehen (die Digambara-Nonnen tragen einen weißen Sari); die Shvetambara (die „Weißbekleideten“) bilden die große Mehrheit der Jainas, sie tragen Gewänder und halten im Prinzip beide Geschlechter für erlösungsfähig.

Nach jainistischer Vorstellung ist die Welt ewig, und nur strenge Askese vermag die Seelen aus den Fesseln der Materie zu befreien. Die Erlösten besitzen unendliches Wissen, Kraft und Wonne und leben in seligen Gefilden, die über allen Götterhimmeln liegen.

Die Ethik der Jainas kennt fünf Gebote: *ahimsa* (Schonung jeglichen Lebens, Gewaltlosigkeit), *satya* (Wahrhaftigkeit), *asteya* (Achtung fremden Eigentums), *brahmacarya* (sexuelle Enthaltsamkeit) und *aparigraha* (Besitzlosigkeit). Während für Mönche und Nonnen alle diese fünf Gebote unbedingt gelten, sind für die Laien nur die ersten drei fest verbindlich. In jedem Fall wird sehr streng die Schonung des Lebens beachtet. Dieses Gebot führt bei Strenggläubigen bisweilen dazu, dass sie ein Tuch vor dem Mund tragen, um beim Trinken kein Lebewesen zu verschlucken, oder mittels eines kleinen Besens den Weg vor sich freimachen, um kein Lebewesen zu zertreten. Teilweise wird es auch abgelehnt, Wasser abzukochen, weil man dadurch unbeabsichtigt Lebewesen töten könnte. Die strengen Regeln der Ethik haben auch Folgen für die Berufswahl der Jainas, die deshalb oft kaufmännische oder wissenschaftliche Berufe wählen, um nicht durch andere Berufe wie z.B. als Bauer Leben von Tieren und Pflanzen in Gefahr zu bringen oder zu vernichten. *Ahimsa* ist im 20. Jahrhundert vor allem durch Mahatma Gandhi berühmt geworden, der als Hindu dieses Ideal durch einen Jaina (Raychandbhai Mehta) kennen und schätzen gelernt hat.

Konfuzianismus

Die Lehre des Konfuzius war in China mehr als 2000 Jahre von prägender Kraft und beeinflusste das Erziehungssystem bis zum Ende der Kaiserzeit (1912) bzw. in Taiwan bis heute in entscheidendem Maße. Auch über China hinaus war diese Lehre für Korea und Japan prägend. Sie geht auf Meister Kong (Kongzi bzw. Kong fuzi) zurück, den die Jesuitenmissionare im 17. Jahrhundert Konfucius nannten. Dieser lebte wahrscheinlich 552–479 v.u.Z., er stammte aus dem kleinen Staat Lu in der Nähe des modernen Qufu (Shandong), trug dem Herrscher von Lu seine Dienste an und versuchte auch in anderen Kleinstaaten sein Glück, ohne wirklich großen Erfolg zu haben. Die wichtigsten Informationen über ihn stammen aus den Gesprächen (Lunyu), die einer seiner Schüler später aufgezeichnet hat. Die Tradition schreibt Konfuzius die Sammlung der fünf wichtigsten Quellensammlungen des klassischen China zu: *Yijing* (Das Buch der Wandlung), *Shujing* (Das Buch der Dokumente), *Shijing* (Das Buch der Lieder), *Chunqiu* (Frühlings- und Herbstchronik) und *Lijing* (Buch der Riten) zu, wobei die Authentizität der beiden zuletzt genannten heute in der Forschung umstritten ist. Diese fünf Textsammlungen jedenfalls bildeten den klassischen Kanon dessen, was Beamte im chinesischen Kaiserreich beherrschen mussten, um im Staatsexamen (einer chinesischen Erfindung!) bestehen und Karriere machen zu können. All dies dient nach Überzeugung der Konfuzianer der Heranbildung des edlen Menschen, der als Folge von Erziehung als heranbildbar gedacht wurde. Dabei sollte vor allem die Tugend (*ren*) die zwischenmenschlichen Beziehungen prägen, besonders die fünf Beziehungen (*wulun*), nämlich Herrscher – Untertan, Vater – Sohn, älterer Bruder – jüngerer Bruder, Mann – Frau, Freund – Freund.

„Der konfuzianische Humanismus konzentriert sich um das Ideal des *junzi*, des edlen und perfekten Menschen, der im höchsten Maße die Tugend besitzt. Die Tugend *ren* äußert sich am intensivsten durch *zhong* (Loyalität, insbesondere der Tradition gegenüber) und *shu* (Reziprozität der Welt und den Menschen gegenüber). *Ren* ist der Ausgangspunkt der Kindesehrfurcht (*xiao*) – einer Tugend, die wiederum die Beobachtung der Riten (*li*) bedingt. Bei der Ausübung der Riten war die innere Haltung (Spiritualität) wichtig, was jedoch im Lauf der Zeit durch eine ausgedehnte Ritualistik zugeschüttet wurde. Der konfuzianische Humanismus formte auch die politische Doktrin in China, die sich auf den tugendhaften Herrscher, den Sohn des Himmels (*tianzi*) als Zentrum des Reiches (*tianxia*, ‚alles unter dem Himmel' bzw. Oikumene), konzentrierte. (Diese Doktrin führte in späteren Zeiten zur Entstehung des Autokratismus.) Für den tugendhaften konfuzianischen Herrscher entscheidend war die Konzeption von der ‚Richtigstellung der Namen' (*zhengming*), d.h. die Prüfbarkeit der Entsprechung zwischen dem Ideal der Gesellschaft, die hierarchisch und rituell formalisiert war, und der Wirklichkeit bzw. den Pflichten. Der Herrscher sollte Herrscher sein, Untertan soll Untertan sein, Vater soll Vater sein, Sohn soll Sohn sein, usw. Diese fünf zwischenmenschlichen Beziehungen bestimmen hierarchisch die vertikale gesellschaftliche Ordnung; sie scheinen die chinesische Mentalität bis heute zu prägen.

Im Rahmen der politischen Doktrin des Konfuzianismus von großer Relevanz war die Idee des ‚Mandates des Himmels' (*tianming*) – eine Idee, die fast sakral die kaiserliche Macht legitimierte. Dieses Mandat konnte jedoch einem jedem untugendhaften Herrscher jederzeit entzogen werden, ein Vorgang, der mit dem Begriff *geming* bezeichnet wird und ursprünglich die ‚Veränderung des Mandates (des Himmels)‘ bedeutete, später aber die Konnotation von ‚Revolution‘ annahm.

Eine andere wichtige Kategorie des konfuzianischen Denkens ist die so genannte Doktrin der goldenen Mitte (*zhong*), die sich insbesondere im Werk *Zhongyong*, das dem Enkel des Konfuzius, Zi Si (ca. 492–431 v.Chr.) zugeschrieben wird, artikuliert.“[31]

Urgrund aller Tugend ist für Konfuzius der Himmel (*tian*), der für ihn wohl abstrakt und nicht personal wie für manch anderen späteren Konfuzianer gedacht ist. Vielmehr ist er eher als moralische oder geistige Kraft gedacht, die bei der Erziehung wirksam wird und aus jedem Menschen einen edlen Menschen machen kann. Dabei scheint die Natur des Menschen für Konfuzius selbst noch neutral zu sein, anders als in der Deutung späterer Konfuzianer: Mencius (Mengzi, 3. Jahrhundert v.u.Z.) und Mo Di (5. Jahrhundert v.u.Z.) glauben an das Gute im Menschen. Sie „gelten als die beiden Vordenker des chinesischen ‚Humanismus‘ in der Schule des Meisters Kong. Doch in der Schultradition steht auch die Schule der ‚Legalisten‘. Sie folgen dem Lehrer Chang Yang (4. Jh. v.Chr.) und gehen von der Annahme aus, dass von der Natur her alle Menschen böse sind. [...] Ein großes Reich kann nur durch einen grausamen Fürsten regiert werden. [...] Die Schule der ‚Legalisten‘ liefert für China bis in die Gegenwart das Modell des totalitären Staates.“[32]

Man mag darüber streiten, ob der Konfuzianismus eigentlich eine Religion oder eher eine Moralphilosophie ist. Sicher ist, dass schon bald nach dem Tod des Konfuzius ihm Opfer dargebracht wurden und auch die Kaiser ihre Ahnen durch Opfer geehrt haben. Zeitweise nahm ferner die Verehrung des Himmels die Form einer Gottesverehrung an. Sicher ist auch, dass die Ordnung der Welt und die Ordnung der Gesellschaft als Makrokosmos und Mikrokosmos in einer engen Beziehung zueinander stehen, die durch Riten zum Ausdruck gebracht werden. Innerhalb des klassisch chinesischen Kontextes werden Buddhismus, Daoismus und Konfuzianismus auf einer Ebene als die „drei Lehren“ (*sanjiao*) nebeneinander gestellt und gelten als von gleicher Art und dies sosehr, dass gewöhnlich die Chinesen auch allen dreien zugleich angehören, also gleichzeitig Buddhisten, Daoisten und Konfuzianer sind. Dies ist anders in der Volksrepublik China, wo Buddhismus und Daoismus sowie westliche Glaubensrichtungen (z.B. Christentum, Islam) als Religionen studiert werden, der Konfuzianismus aber unter das Verdikt einer verbotenen politischen Philosophie fällt.

---

[31] Handbuch Religionswissenschaft, S. 301f.

[32] Religionen und Kulturen der Erde, S. 188.

Daoismus

Die Bezeichnung „Daoismus“ (früher meist „Taoismus“ geschrieben) ist von dem chinesischen Wort *dao* abgeleitet, das wörtlich „Weg“ bedeutet, in der Philosophie und Religion aber die Norm der Lebensführung und die Regelhaftigkeit der Vorgänge im Universum bezeichnet und somit als Ordnungsmacht hinter allem Geschehen steht. Die „Lehre des Weges“ (*daojia*) ist in China als philosophische Schule seit dem 3. Jahrhundert v.u.Z. bekannt und als Religion (*daojiao*) seit dem 2. Jahrhundert u.Z. fassbar.

Der philosophische Daoismus geht der Tradition nach auf Laozi (Laotse) und das Daode jing zurück. Laozi ist historisch nicht nachweisbar, doch bringt die Tradition ihn mit Konfuzius zeitmäßig und geographisch in Verbindung und behauptet somit, dass er am Übergang des 6. zum 5. Jahrhundert v.u.Z. gelebt habe und sogar mit Konfuzius zusammengetroffen sei. Das Daode jing richtet sich in Form von Aphorismen an alle Menschen, indem die Erläuterungen zum „dao“ zugleich Aussagen zum Wesen des Menschen und dem Funktionieren der Gesellschaft machen. Eine zweite philosophische Abhandlung kommt hinzu: das „Nanhuajing“ des Zhuangzi, der an Übergang vom 4. zum 3. Jahrhundert v.u.Z. gelebt haben soll und in seiner Schrift das Prinzip des „Nichthandelns“ (*wu-wei*) gelehrt hat. „Es handelt sich dabei nicht um das völlige Fehlen von Aktivität, sondern eher um aktives Nichthandeln, das es gestattet, den Weg des Dao zum Ausdruck zu bringen.“[33]

Die Geschichte des religiösen Daoismus zeigt, dass es nach einer Anfangsphase, in der der Daoismus der Himmelsmeister entsteht (2.–6. Jahrhundert), zu einer Konsolidierungsphase (7.–10. Jahrhundert) und dann zur Ausbildung zahlreicher ritueller Richtungen (vom 11. Jahrhundert an bis zur Gegenwart) gekommen ist. Die Vermutung liegt nahe, dass für die Entstehung und Konsolidierung des Daoismus der Buddhismus in China eine gewisse Vorbildfunktion gehabt haben könnte, ja dass teilweise bestimmte Entwicklungen innerhalb des Daoismus sogar als Konkurrenz zum Buddhismus in China gedeutet werden können. Andererseits darf der Konkurrenzgedanke nicht zu sehr bemüht werden, weil es zur Besonderheit des chinesischen Kontextes gehört, dass die Anhänger meist gleichzeitig sowohl Buddhisten als auch Daoisten und Konfuzianer gewesen sind. Religionszugehörigkeit war dort – und ist es bis heute – nicht exklusiv wie in Europa, wo es nahezu unvorstellbar ist, dass jemand gleichzeitig katholisch und evangelisch oder gar Christ und Muslim ist.

„Den mannigfaltigen Praktiken des religiösen Daoismus geht es immer um Harmonie und Gleichgewicht zwischen Mikrokosmos und Makrokosmos sowie um die ausgewogenen Wechselwirkungen zwischen Göttern und Menschen und die Beziehungen zwischen den bipolaren Kräften *yin* und *yang*, die durchaus

33 Art. wu-wei, in: Bowker (Hrsg.): Das Oxford Lexikon der Weltreligionen, S. 1088.

geeignet sind, einen zentralen Gedanken des Daoismus symbolisch auszudrükken, auch wenn dieses Symbol nicht auf den Daoismus beschränkt werden darf."[34]

„Im Mittelpunkt der Lehrinhalte des Daoismus der Himmelsmeister steht die unsichtbare jenseitige Welt mit einem äußerst facettenreichen Pantheon. Die höchste Position in der Götterwelt nimmt eine Dreiheit ein, die ‚Drei Reinen' (*sanqing*), die als abstrakte Hypostasen die Struktur des Universums verkörpern. Die drei Götter werden unterschiedlich gedeutet, als Hypostase des ursprünglichen Chaos (noch vor der Trennung in Yin und Yang), als Dao, als Tugend; sie können auch mit den drei Lebenssubstanzen des Menschen (*qi*: ‚Vitalität', ‚Energie', *jing*: ‚vitale Essenz' und *shen*: ‚Geist', ‚Seele') in Beziehung gesetzt werden."[35]

Ziel aller Religiosität ist die Suche nach dem Weg des Großen Gleichgewichts und die Suche nach Unsterblichkeit, wobei diese zum einen beinhaltet, dass der reale Tod geleugnet und behauptet wird, der wahre Körper des Menschen stürbe nicht, sondern lebe weiter im Paradies oder auf Inseln der Glückseligkeit, während etwas anderes, was nur so aussieht wie der Körper, stirbt und begraben wird; zum anderen wurden Techniken der Lebensverlängerung entwickelt, die zwar in den einzelnen Schulen des Daoismus unterschiedliche Betonung erfahren, sich aber insgesamt etwa so zusammenfassen lassen: innere Hygiene und Achtsamkeit vor allem bei der Nahrungsaufnahme, Beherrschung des Atems, Beherrschung der Sexualität, Alchemie, Beobachtung des moralischen Verhaltens, Suche nach Unsterblichkeit. Für all dies braucht man den Spezialisten, also den Priester, obwohl ansonsten die Unsterblichkeit für alle Menschen, Männer wie Frauen, Laien wie Priester erreichbar ist. Doch welche Speisen man essen soll, welche Arzneien und Lebenselixiere man zu sich nehmen soll, ist nur durch fachkundige Beratung zu klären.

In der zweiten Hälfte des 20. Jahrhunderts stößt der Daoismus auch in Europa und Amerika auf starkes Interesse. Vor allem auf esoterische und New-Age-Kreise üben die Praktiken des Daoismus eine große Faszination aus, weshalb zahlreiche daoistische Vereinigungen gegründet wurden.

Shintoismus

Der „Weg der *kami*", der japanische Shinto, wurde oben bereits unter den frühen Kulturen bei Japan erwähnt. Er soll hier in seiner heutigen Erscheinungsweise zur Sprache kommen. Diese geht im Wesentlichen auf religionspolitische Entscheidungen der Meiji-Zeit (1868–1912) zurück, als der Shintoismus in einen

---

[34] Hutter: Die Weltreligionen, S. 72.

[35] Hutter: Die Weltreligionen, S. 76.

Staats-Shintoismus und einen Schrein-Shintoismus aufgeteilt wurde. Heute kann man daher etwa vier Typen von Shintoismus in Japan unterscheiden: 1. einen Volks-Shintoismus, der als Teil der Volksreligion auf der Ebene des Dorfes und der Familie anzusehen ist und dessen Schreine die Beziehungen zwischen den toten Seelen und den Göttern einerseits und den lebenden Menschen andererseits herstellen; 2. einen Schrein-Shintoismus mit seinen Mythen und Festen als Ausdruck der Lebensfreude; 3. den Staats-Shintoismus, der eigentlich offiziell durch die verfassungsmäßig festgelegte Trennung von Religion und Staat nur noch als Privatangelegenheit des Kaiserhauses fortbesteht, aber de facto doch staatlich national immer wieder eine Bedeutung hat (man denke etwa an die regelmäßigen Proteste aus China und Korea, wenn der japanische Ministerpräsident in Tokio den Gefallenenschrein Yasukuni besucht), und 4. den Sekten-Shinto in Form zahlreicher Neuformierungen, die in Japan große Beachtung finden. Insgesamt gilt, dass der Shintoismus für das Leben, der Buddhismus für Sterben, Tod und Erlösung zuständig ist.

Im Zentrum des Shinto steht das Matsuri, d.h. das „Fest". Weniger die Lehre als vielmehr das kultische Geschehen drückt aus, worum es geht. „Das Kultdrama im Matsuri läuft in 5 Akten ab: Reinigung, Herbeirufung, Opfer, Einigung, Verabschiedung. Zuerst werden durch symbolische Handlungen (Wischen, Waschen, Besprengung) der Festort und die Teilnehmer von Sünden und Verunreinigungen befreit, dann der hohe Gast herabgerufen (durch Musik, kultischer Ruf ‚Keihitsu' etc.), dann werden die Speiseopfer und Reiswein dargebracht. Durch Gebet und Mahl wird die enge Gemeinschaft zwischen Gott und Gemeinde betont, dann wird die Gottheit wieder feierlich verabschiedet [...] Das wichtigste Ereignis ist der dritte Akt, der vor dem provisorischen Schrein erfolgt, in dem der Gott nur während der Feste residiert und im großen Stil mit reichen symbolischen Aufführungen, wie Kulttanz (Kagura) und Kultspiel (*Noh*, *Kabuki*, Puppentheater, Wettspiele, Rennen, Sumo-Ringen) verbunden sein kann. Auf diesem Höhepunkt ist auch die Mana-Kraft des Gottes erneuert durch die Rückkehr in den Ort seiner ersten Herabkunft in der Gegend und durch die von der Gemeinde dargebrachte Unterhaltung."[36]

In Anlehnung an den Religionssoziologen Emile Durkheim (1858–1917) kann man bezüglich des Shintoismus mit Fug und Recht sagen: Hier feiert sich die Gemeinde im Kult selbst. Die Feste und Riten dienen der Stärkung des Wir-Gefühls, sei es als Familie, Dorf oder Volksgemeinschaft. Dafür wird das Ritual genau beachtet und hat Priorität gegenüber aller theoretischen Erklärung. Um der Treue zum Ritual willen werden alle 20 Jahre Tausende alter Bäume gefällt, um aus ihrem Holz peinlichst genau den Ise-Schrein wenige Meter vom bestehenden entfernt nachzubauen. Nach der Einweihung des neuen wird der vorherige abgetragen und sein Holz zum Bau anderer Schreine im Land mit verarbeitet. So war

[36] Immoos: Ein bunter Teppich, S. 39f.

es schon immer, so wird es beibehalten, auf diese Weise wird eine alte Tradition aufrechterhalten. Niemand würde in Japan dieses Verfahren in Frage stellen, weiß man doch nicht, wie die Missachtung dieser Tradition ausgehen, welches Unheil für das Land sie auslösen würde.

„Es gibt 3 Haupttypen von Schreinen: 1. die rein lokalen Schreine, in denen der *kami* des Ortes (*ujigami*) weilt, 2. die für bestimmte Personen und Anliegen im ganzen Land zu findenden Schreine, z.B. Inari-, Toshugu- und Tenmangu-Schreine, und 3. Nationalschreine, z.B. der Ise- und Izumo- sowie Meji-Schrein. Der Yasukuni-Schrein in Tokio ist eine Sondererscheinung und dient der Ehrung aller im Krieg gefallenen Japaner.“[37] Von der Anlage her sind folgende Elemente charakteristisch: ein Eingangstor (*torii*), das rot gestrichen ist und den speziellen Schreinbezirk andeutet, ein mehr oder weniger langer Weg zum Zentrum mit Treppenaufgang und Haupthalle mit zwei hintereinander liegenden Bauten, einem vorderen für die Gebetsrezitation und Opferdarbringungen und einem hinteren mit dem allein dem *kami* – meist durch Symbole dargestellt – reservierten Bereich, an den Seiten finden sich meist kleinere Hallen, wo u.a. die Reisweinfässer für die Opfergabe aufbewahrt werden. Bei der Anlage der Schreine wird darauf geachtet, dass auch die sie umgebende Natur voll in die Konstruktion und ästhetische Wirkung des Ganzen mit einbezogen wird. Natur und Kunst sind somit als Gesamtkunstwerk miteinander verbunden.

Zoroastrismus/Parsismus

Während für den indischen Kontext der Glaube an die Wiedergeburt und die damit verbundene Suche nach der Erlösung das zentrale Hauptthema ist, steht im persischen Bereich der Dualismus als religiöse Problematik im Vordergrund.

Die Anfänge der Religionsgeschichte der Perser liegen im Dunkeln. Greifbar wird sie für uns zum ersten Mal in der Gestalt des Zarathustra (Zoroaster bzw. Sarastro), auf den aller Wahrscheinlichkeit nach 17 Gathas im Avesta, dem heiligen Buch der Zoroastrier, zurück gehen. Dieses ist in Altpersisch (Avestrisch), einer indo-europäischen Sprache, verfasst. Offizielle Religion war der Zoroastrismus im Perserreich der Achämeniden (ca. 558–330 v.u.Z.), der Parther (ca. 240 v.u.Z.–224 u.Z.) und der Sassaniden (224–654). Umstritten ist dagegen, wann Zarathustra gelebt hat. Nach zoroastrischer Tradition soll er etwa 6000 v.u.Z. gelebt haben, viel wahrscheinlicher ist dagegen, dass er zwischen 1200 und 1000 v.u.Z. im Nordosten des Perserreiches gelebt hat. Die frühere Einordnung ins 7. bis 6. Jahrhundert v.u.Z. gilt heute in der Forschung als unwahrscheinlich. Ebenso unbekannt wie die Lebensdaten sind sichere Aussagen über

---

37 Bellinger: Knaurs Großer Religionsführer, S. 369.

seinen Lebensweg und letztlich auch über seine Lehre. Deshalb müssen einige Grundaussagen genügen.

Zentral ist die dualistische Weltsicht, der zufolge die jetzige Welt durch einen kosmischen Kampf zwischen den Mächten des Guten und des Bösen gekennzeichnet ist. Jegliche Existenz ist in diesem Kampf verortet, und die Trennungslinie zwischen diesen beiden Reichen verläuft mitten durch den Menschen, der sich infolgedessen entscheiden muss, auf welcher Seite er in diesem Kampf stehen will. Auf Seiten des Guten stehen himmlische Heerscharen, die Ahuras, unter der Führung von Spenta Mainyu bzw. dem Schöpfergott Ahura Mazda – nach ihm nennt man diese Religion bisweilen auch Mazdaismus. Auf Seiten des Bösen stehen die *daevas*, böse Geister, die unter der Führung von Angra Mainyu (später Ahriman) die gute Welt bekämpfen. Teilweise werden Spenta Mainyu und Angra Mainyu als Zwillinge gedeutet, die von Ahura Mazda zunächst gut erschaffen, sich später entscheiden müssen, ob sie zu Ahura Mazda halten oder sich ihm widersetzen. Die Entscheidung führt zur totalen Scheidung des Kosmos in zwei Lager, die sowohl die jenseitige Welt als auch die diesseitige spalten. Im Diesseits stehen Tiere wie das Rind und der Hund auf Seiten des Guten, ebenso nutzbringende Pflanzen und das Weideland, während schädigende Tiere wie Ungeziefer sowie Ödland auf Seiten des Bösen stehen. Auch die Ethik ist durch diesen Dualismus gekennzeichnet: Wahrheit, gutes Denken, Rechtgesinntheit sind Merkmale des Guten. Lüge, Trug, schlechtes Denken sind Kennzeichen des Bösen. In späteren Formen dualistischen Denkens wird dann die Zweiteilung noch weiter fortgeführt, indem der Geist, die Seele im Menschen, dem Reich des Guten zugeordnet wird, während der Körper zum Reich des Bösen gehört. Kosmisch werden Licht und Tag dem Guten zugesprochen, Finsternis und Nacht dem Bösen. Damit ist die Jetztzeit Ausdruck des kosmischen Kampfes zwischen diesen beiden Prinzipien. Erst am Ende aller Zeiten wird der Kampf entschieden und zwar zugunsten des Guten, obwohl alle Anzeichen scheinbar für den Sieg des Bösen sprechen. Deshalb sind auch die Menschen gut beraten, sich im Hier und Jetzt für das Gute und gegen das Böse zu entscheiden, weil nur dadurch ihre Zukunft im Reich des Guten gesichert ist.

Die Forschung geht heute weitestgehend davon aus, dass vor der Zweiteilung der Welt in ein Reich des Guten und eines des Bösen eine Alleinherrschaft Ahura Mazdas oder Zurvans liegt (Zurvan = die Zeit, weshalb man bisweilen auch vom Zurvanismus spricht). Damit habe Zarathustra eine monotheistische Religion proklamiert, aus der dann über die Vorstellung vom Zwillingspaar als Ahura Mazdas Schöpfung erst in einem zweiten Schritt der oben beschriebene Dualismus geworden sei. Also sei ursprünglich wie letztendlich Ahura Mazdas Alleinherrschaft bestimmend, auch wenn die Jetztzeit von dualistischen Auseinandersetzungen geprägt ist.

Religionsgeschichtlich spricht dafür die Degradierung der *daevas* zu bösen Geistern, denn in anderen indoeuropäischen Kontexten deutet dieses Wort eher auf Götter oder gottähnliche Wesen hin, die erst durch Zarathustra unter die „falschen Götter“ gerechnet werden.

Die Lebensführung der Gläubigen und noch stärker der Priester ist von dem kosmischen Dualismus insofern geprägt, als es primär darum geht, jeglichen Kontakt mit dem Bösen, d.h. alle Formen von Unreinheit, zu vermeiden: Kontakt mit Ungeziefer, wozu auch Eidechsen, Würmer, Ameisen oder Spinnen zählen, Kontakt mit allen Arten menschlichen Ausflusses (Speichel, Atem, Menstruationsblut) und Kontakt mit Leichen. Alter Tradition folgend werden die Toten meist ausgesetzt, bis nur noch die Knochen übrig bleiben. Bisweilen wurden auch eigene Aussetzungsplätze (*daxma* = Grab, oft in Form abgeschlossener Türme, sog. „Türme des Schweigens“), geschaffen. In Iran wurden im 20. Jahrhundert diese Formen der Totenaussetzung weitgehend durch Friedhofsbestattungen abgelöst.

Für unrein gewordene Menschen hält die Religion Reinigungsrituale bereit. Sie werden durch die Priester durchgeführt, was insofern neuerdings zum Problem wird, als immer weniger Priester zur Verfügung stehen. Der Grund ist ein doppelter: Zum einen gibt es keinen ausreichenden Nachwuchs aus den Kreisen des erblichen Priestertum, zum anderen wollen nicht alle, die als Kinder einer Priesterfamilie auf die Welt kommen, dieses Amt später ausüben, sondern ziehen zivile Berufe vor. Unter den Priestern gibt es eine Hierarchie, die klassisch etwas mit der Hierarchie der Tempel zu tun hatte. Es gab nämlich drei verschiedene Tempelkategorien, von denen die höchste Kategorie dem Oberpriester zum Betreten vorbehalten war, während die beiden anderen Arten von Tempel den normalen Priestern zugänglich waren. In allen brannte des „heilige Feuer“ als Inbegriff der Reinheit und der Herrschaft des Guten. Aufgrund dieser Feuertempel wurden die Zoroastrier oft unter den Nichtzoroastriern verächtlich „Feueranbeter“ genannt.

Zoroastrier gibt es bis heute in Iran, durch Auswanderung und Migration aber auch in Großbritannien und in Kanada sowie in den USA. Die Zoroastrier, die nach dem Ende der Sassanidenherrschaft unter islamischer Herrschaft in Iran nach Indien ausgewandert sind, nennt man Parsen, weil die Inder sie „Parsi“, d.h. Perser, genannt haben. Unterschiede zwischen den Parsen und den übrigen Zoroastriern gibt es heute vor allem in der Frage der Konversionen und interreligiösen Eheschließungen. „Zwar leugnen Parsen nicht, dass jeder Mensch sich grundsätzlich für den Glauben an Ahura Mazda entscheiden kann, aber er wird dadurch nicht ‚Parse‘ und kann daher auch seinen Glauben nicht wirklich leben, weil er weder Zugang zu den Feuertempeln hat, noch für sich Rituale vollziehen lassen kann und auch nicht im daxma bestattet wird. Dadurch sind auch Ehepartner(innen), die sich zur Religion bekehren wollen, nicht nur unerwünscht, sondern solche Ehen werden auch nicht akzeptiert; nach dominierender Meinung gelten nur Kinder, deren beide Elternteile Parsen sind, als Mitglieder der Religionsgemeinschaft. Etwas offener stellt sich die Situation unter den Iranis dar, die grundsätzlich bereit sind, (Rück-)Bekehrungen von Muslimen zum Zoroastrismus zu akzeptieren, allerdings wurde diese Tendenz nie besonders gefördert, um nicht die zumindest latent vorhandenen Spannungen zum Islam zu verstärken. Genauso verhält sich die iranische Priesterschaft weniger stringent in der Frage von Mischehen, obwohl man sich des Problems bewusst ist, dass eine Zoroastrierin, die einen Muslim heiratet, meist auch ihrer Religion den Rücken kehrt. Die unterschiedliche Einstellung von Iranis und Parsen in diesen Fragen wirkt dabei auch in den Diaspora-Gemeinden weiter, wo theologische Argumente für Konversion und Mischehen, die Laien beibringen, eher von iranisch-stämmigen Priestern unterstützt und auch konkret verwirklicht werden."[38]

Geistesgeschichtlich ist der Zoroastrismus von enormer Bedeutung, weil sein dualistisches Konzept maßgeblich die apokalyptischen Vorstellungen von Judentum, Christentum und Islam geprägt hat. Auch der Manichäismus wäre ohne dieses zoroastrische Gedankengut nicht denkbar, wie andererseits die Gnosis daraus schöpft. Insofern wirkt der Zoroastrismus auf vielfache Weise in der europäischen Religionsgeschichte nach, auch dort, wo von Zarathustra und seiner Lehre direkt nicht die Rede ist.

Judentum

Von allen Religionen des Alten Orient ist das Judentum die einzige, die als solche bis heute überlebt hat. Allerdings ist bei näherem Hinsehen festzustellen, dass dieses Überleben nicht ohne große konzeptionelle Veränderungen vonstatten gegangen ist. Anhand von fünf Schritten soll dies im Folgenden deutlich werden.

1. Das Gottes- und Menschenbild

Die Anfänge der jüdischen Religion liegen weit zurück in der Geschichte und sind im Einzelnen kaum noch erhellbar. Sie reichen über das Territorium des heutigen Israel hinaus. Bezugspunkte sind nach dem Ausweis der Hebräischen Bibel, also dem Teil der christlichen Bibel, den die Christen das Alte Testament nennen, die Namen Abraham und Moses. Abraham stammt danach aus Südmesopotamien (heute Irak), Moses aus Ägypten. Eine zeitliche Einordnung ist schwierig, Abraham müsste etwa in der 1. Hälfte des 2. Jahrtausends v.u.Z. und Moses möglicherweise zur Zeit des Pharao Ramses II. (1290–1224) gelebt haben. Beide wuchsen in einem polytheistischen Milieu auf und haben sich dann für *einen* Gott entschieden.

[38] Handbuch Religionswissenschaft, S. 392.

Der Glaube an *einen* Gott wird zum Kennzeichen der jüdischen Religion. Mehr noch, die jüdische Religion ist die Geschichte dieses Gottes und seines Volkes (Israel). Wie alle anderen Völker ihre (Schutz-)Götter haben, so hat auch Israel seinen Gott. Dabei ist zunächst die Existenz anderer Götter nicht ausgeschlossen, doch sie haben für Israel keine Bedeutung, weil sie dem Volk nicht helfen. Es nutzt also nichts, sich an andere Götter zu wenden, weil nur ein Gott da ist, der hilft. Religionsgeschichtlich spricht man bei einer solchen Gottesvorstellung vom Henotheismus, Die jüdische Besonderheit ist dabei nicht, dass sich dieser Gott ein Volk als sein Volk auswählt, sondern dass dieser Gott kultisch eifersüchtig ist und nicht duldet, dass das Volk neben ihm noch andere Götter verehrt. Erst in späterer Zeit wird aus der kultischen Eingottverehrung (Monolatrie) auch theoretisch das Postulat des einen und einzig existenten Gottes (Monotheismus). Damit entsteht ein neues Problem: die Erwählung des Volkes Israel unter den Völkern der Erde, d.h. das besondere Verhältnis dieses Gottes zu seinem Volk angesichts der vielen Völker der Erde. Die Folge davon ist, dass Geschichte zur Illustration der Erziehungsmaßnahmen Gottes gegenüber seinem Volk wird: Gutes Verhalten wird belohnt, böses Verhalten wird bestraft. Siege und Niederlagen des Volkes werden auf diese Weise theologisch gedeutet, d.h. als Maßnahmen Gottes zur Belohnung oder Disziplinierung seines Volkes, ausgeführt gewissermaßen durch die Anrainergroßmächte Ägypten, Babylon oder Syrien, in späterer Zeit Persien, Griechenland und Rom.

Die Vorstellung von Gott als Erzieher seines Volkes schlägt sich auch nieder in der Konkretisierung von Segen und Unheil. Wenn Gott im 1. Buch Mose (Genesis) der Hebräischen Bibel einen Menschen besonders auszeichnet, d.h. segnet, bedeutet dies konkret: Erhalt irdischer Güter, Gesundheit, Kinderreichtum (d.h. Sicherung der Versorgung der Eltern im Alter) und langes Leben. Menschliches Fehlverhalten wird dementsprechend gestraft. Die Bestraften verlieren Hab und Gut, oder sie werden krank, bleiben ohne Nachkommenschaft oder sterben in jungen Jahren. Danach gilt: Religion zahlt sich aus und zwar im Hier und Jetzt. Einhalten der Gebote wird durch den Segen Gottes belohnt, die Nichtbeachtung der Gebote wird durch Bestrafung, d.h. den Verlust von einem oder mehreren Elementen des Segens Gottes geahndet. Die ausgleichende Gerechtigkeit geschieht folglich noch zu Lebzeiten der Frommen und der Missetäter.

Die Vorstellung, dass es im Leben gerecht zugeht, d.h. dass gute Taten auf Erden belohnt werden und böses Tun im Diesseits bestraft wird, bewirkte, dass die Frommen sich im alten Israel lebenssatt im hohen Alter hinlegen und sterben konnten, ohne auf ein spezielles Jenseits zu warten, weil all ihre Erwartungen bereits im Diesseits erfüllt waren. Was sie erhofften, war, dass das Volk nicht untergehen werde. Darauf richtete sich die Verheißung Gottes, ein Schattendasein im Jenseits (hebr.: *Scheol*) war demgegenüber ausreichend. Die simple Gleichung Einhaltung der Gebote = Güter, Gesundheit, Nachkommenschaft und hohes Alter bzw. Nichteinhaltung der Gebote = Armut, Krankheit, Kinderlosigkeit und früher Tod ging empirisch jedoch nicht auf. Zu häufig blieb die ausgleichende Gerechtigkeit aus, wenn Fromme/Gerechte von Unheil im Sinn der göttlichen Bestrafung heimgesucht wurden oder Missetäter scheinbar gesegnet blieben bis ins hohe Alter. Hiob ist der erste Text in der Geschichte der Hebräischen Bibel, in dem dieses Problem zum Thema gemacht wird. Romanhaft oder historisch konkret fragt Hiob, wieso ihm Leid widerfährt, obwohl er nicht gesündigt hat, und er lässt sich auch nicht von seinen Freunden irgendwelche (vielleicht unbewusst begangenen) Sünden einreden. Am Ende des Buches wird ihm bescheinigt, dass er nicht gesündigt habe, aber durch das ihm zugestoßene Leid in seiner Glaubenstreue auf die Probe gestellt werden sollte. Er besteht die Probe, und alles verläuft wieder gut. Doch auch diese Lösung der Leidproblematik ist empirisch als Lösung nicht ausreichend. Zu viele konkrete Fälle sprechen dagegen, so dass im 2. Jahrhundert v.u.Z. in den Schriften Jesus Sirach und den Makkabäerbüchern der Gedanke einer ausgleichenden Gerechtigkeit nach diesem Leben aufkommt. Bald wird – wohl unter persischem Einfluss – dieser Ausgleich ins Jenseits verlegt. Dort soll dann nach einem Gericht die Belohnung der Frommen durch ein Sein bei Gott (Himmel) und die Bestrafung der Missetäter durch ein Fernsein von Gott (Hölle) erfolgen. Wie die Apostelgeschichte (23,8) im Neuen Testament der Christen zeigt, lehnte noch zur Zeit Jesu die jüdische Richtung der Sadduzäer eine solche Jenseitsvorstellung ab, während sich die Richtung der Pharisäer dazu bekannte.

Das Sein bei Gott (Himmel) deutet auf ein ganz spezifisches Verhältnis zwischen Gott und Mensch im Judentum hin. Der Mensch (Mann wie Frau) – als nicht mit anderen Geschöpfen vergleichbares Wesen von Gott erschaffen – ist mit Gott durch ein Bündnis liiert, das nach der Tora (d.h. den fünf Büchern Mose in der Hebräischen Bibel) als „Rechtsbündnis“ zu verstehen, nach den Propheten der Hebräischen Bibel als „Ehebund“ zu deuten ist. Ausdruck dieses Bundes sind die Zehn Gebote bzw. der Dienst gegenüber Gott und der Einsatz für die Schwachen (Witwen und Waisen) in der Gesellschaft, so dass das Verhältnis zu Gott und das Verhältnis zum Mit-Menschen in gleicher Weise durch die Weisungen der Bibel und deren Auslegung geprägt wird nach der Devise des Propheten Micha 6,8 (verdeutscht von Martin Buber):

> Angesagt hat man's dir, Mensch,
> was gut ist;
> und was fordert ER von dir sonst
> als Gerechtigkeit üben und in Holdschaft lieben
> und bescheiden gehen mit deinem Gott!

Möglich ist die Umsetzung dieser Devise mit Gottes Hilfe, denn in einem jeden Menschen gibt es einen guten Trieb, allerdings auch einen bösen. Somit steht der Mensch vor der Entscheidung für sein Tun und muss sich dereinst am Ende der

Zeiten dafür vor einem allgemeinen Gericht verantworten, wobei allerdings auch Gnade vor Recht ergehen kann. Nach jüdischer Überzeugung hat Gott die Welt und die Menschen erschaffen und wird am Ende aller Zeiten alle Verstorbenen auferwecken und zum Gericht rufen. Danach folgen ein neuer Himmel und eine neue Erde.

2. Apokalyptik und Messianismus

Der Hinweis auf Himmel und Hölle sowie auf den guten und den bösen Trieb im Menschen lässt einen Dualismus erahnen, der aufgrund persischer Einflüsse vermutlich vom 6. Jahrhundert v.u.Z. an im Judentum bekannt und im Lauf der Jahrhunderte zum religiösen Gedankengut geworden ist. Danach ist Gott von einer ganzen Reihe von Lichtwesen (z.B. Cherubim, Seraphim, Erzengel, Engel) umgeben. Sie stehen ihm zu Diensten und stellen – jedenfalls auf den unteren Stufen der hierarchischen Leiter dieser Himmelswesen (Erzengel, Engel) – auch Kontakt zu Menschen her und überbringen Nachrichten. Dieser guten Welt steht eine negative Welt gegenüber. An ihrer Spitze steht der Teufel (Satan, Beelzebub) mit seiner Dienerschaft. Lichtwesen wie Teufel sind ursprünglich als gute Geister von Gott erschaffen worden, doch hat sich ein Teil von ihnen gegen Gott entschieden.

Es gibt zahlreiche Spekulationen darüber, wie es zur Versuchung der Geister (durch Gott?) gekommen ist, welcher Art diese Versuchung gewesen ist und wie der bestehende Dualismus letztlich enden wird, ob durch Wiederaufnahme der Bösen in das Reich des Guten, durch Vernichtung der Bösen oder durch ein ewiges Fortdauern der zwei Reiche des Guten und des Bösen. Unbestritten ist, dass in der Gegenwart die Teufel alles daran setzen, um die Menschen zum Bösen zu verführen und die Pläne Gottes zu durchkreuzen, unbestritten ist aber auch, dass der Aktionsspielraum der Teufel durch Gott festgelegt ist (vgl. dazu das Gespräch Satans mit Gott zu Beginn des Buches Hiob in der Hebräischen Bibel), so dass Gott immer Herr über die Schöpfung bleibt und der Teufel diesbezüglich nur eine untergeordnete Macht hat.

Mit Blick auf die Welt der Menschen ist klar, dass die menschlichen Handlungen innerhalb des kosmischen Kampfs zwischen den Mächten des Guten wie des Bösen verortet sind und entweder zur Stärkung der einen oder der anderen Seite beitragen. Menschsein ist von daher nie neutral, sondern einbezogen in den kosmischen Dualismus, der unumkehrbar auf eine letzte Entscheidung zusteuert. Die Lehre von diesen letzten Dingen (Eschatologie) umfasst auch das kosmische Endszenario des Untergangs der Welt und der Menschheit (Apokalyptik), wobei mit großer Regelmäßigkeit spätestens seit dem 6. Jahrhundert v.u.Z. das unmittelbar bevorstehende Weltende prognostiziert und damit immer wieder betont wird, dass es fünf vor zwölf und das Ende nahe sei. Apokalyptische Bilder vom Weltende finden sich bei mehreren Propheten in der Hebräischen Bibel, sie finden sich dann noch bildreicher in den Texten der christlichen Bibel des Neuen Testamentes, insbesondere im Buch der Offenbarung des Johannes (Apokalypse). Gerade diese Bilder sind schwer zu deuten und lassen sich auf viele historische Situationen anwenden, was die Unmittelbarkeit des bevorstehenden Endes je neu unterstreicht.

Zur Endzeiterwartung des jüdischen Weltbilds gehört spätestens vom 5. Jahrhundert v.u.Z. an auch die Erwartung eines Gesalbten (hebr.: Messias). Über sein Kommen gab es unterschiedliche Vorstellungen. Dazu gehörte die Frage, ob es sich dabei um eine von Gott verschiedene oder mit ihm identische Gestalt handele, ob sie in der Zeit oder am Ende der Zeiten erscheinen werde, ob sie politisch oder rein religiös von Bedeutung sei und welche Rolle der Messias in der Welt spielen werde. Der starken Messiaserwartung entsprach auch die Tatsache, dass ab und zu Gruppierungen auftraten und behaupteten, eine bestimmte Persönlichkeit sei der Messias, oder Einzelne sich selbst zum Messias erklärten. In diesen Zusammenhang gehört die Gruppe der Jesusanhänger, die in Jesus Christus den Messias sahen, oder Sabbatai Zwi, der sich 1665 u.Z. im Osmanischen Reich zum Messias ausrufen ließ. Die Mehrheit der Juden erwartet das Kommen des Messias bis auf den heutigen Tag und bestreitet damit alle bislang erhobenen Messiasansprüche von Gruppen und Einzelnen.

3. Exodus, Tempel, Exil und Hellenismus

Aus der Sicht der Juden beginnt die Geschichte Gottes mit seinem Volk durch eine Befreiungstat, bei der Gott auf Seiten des geknechteten Israel steht und dieses unter der Führung Mose aus dem Sklavenhaus Ägypten befreit. Diese Befreiungstat, der Auszug (Exodus) aus Ägypten, ist der erste große Beweis, dass Gott für sein Volk da ist. Die Juden erinnern sich daran bis heute in der liturgischen Familienfeier des Sederabends zu Beginn des Pessach-Fests im Frühjahr (nach dem ersten Frühlingsvollmond im März/April). Der Exodus ist das große Ereignis, das Gott als Befreier Israels zeigt und als gemeinschaftsstiftendes Erinnerungsdatum für die jüdische Geschichte gilt. Historisch greifbar ist es dagegen kaum. Viele glauben, dass es unter Pharao Ramses II. im 13. Jahrhundert v.u.Z. stattgefunden hat. Historisch Sicheres lässt sich erst aus dem Ende des 11. Jahrhunderts v.u.Z. sagen, als Saul König von Israel war und seine Nachfolger David (um 1000–967) und Salomo (967–928) als Könige über ganz Israel mit Jerusalem als Hauptstadt herrschten. Von 965 v.u.Z. an begann Salomo mit dem Bau des Tempels in Jerusalem, der zum Zentrum der jüdischen Religion wurde. Allerdings war Jerusalems Heiligtum nicht unangefochten, weil vom Tod Salomos an das Reich geteilt war in ein Südreich Juda mit Jerusalem als Hauptstadt und ein Nordreich Israel mit Sichem (später Samaria) als Hauptstadt, weshalb im Nordreich Beth-El und Dan als Konkurrenzheiligtümer zum Tempel in Jerusalem etabliert wurden.

Der Tempel in Jerusalem war in drei Bereiche eingeteilt: Im äußersten versammelten sich die Frauen, im mittleren waren die Männer, die keine Priester waren, und zum inneren hatten nur die Priester Zugang, darunter allein der Oberpriester zum Allerheiligsten am Versöhnungsfest (Jom Kippur). Tempelkult und Tempelopfer zeichneten die Religion des jüdischen Volkes aus. Beides ging verloren, nachdem der Tempel durch König Nebukadnezar von Babylon 586 v.u.Z. zerstört und die Bevölkerung nach Babylon deportiert wurde; andere flohen nach Ägypten. Die Zeit in Babylon, das sog. babylonische Exil (bis 536 v.u.Z.), war für die jüdische Religion insofern prägend, als vermutlich hier die Umstellung auf eine Religion ohne Tempelkult vorgenommen wurde. Man versammelte sich zum Gottesdienst in der Synagoge, sah das Wesentliche der Religion in der Einhaltung der Speise- und Verhaltensregeln, praktizierte Gebete statt Opferkult und erinnerte sich der religiösen Tradition, die nach der Rückkehr aus dem Exil schriftlich festgehalten wurde. Aus diesem Schriftenkanon gingen die „fünf Rollen" (griech.: Pentateuch, die fünf Bücher Mose: Genesis, Exodus, Levitikus, Numeri, Deuteronomium) hervor, die zur klassischen Tora (Weisung) für die Juden geworden sind und heute zusammen mit den Prophetenschriften und weiteren Texten die Hebräische Bibel bilden.

Die aus dem Exil Zurückgekehrten begannen sofort mit dem Wiederaufbau des Tempels. 515 v.u.Z. wurde der Zweite Tempel eingeweiht und bestand als religiöses Zentrum, bis er von Antiochus IV. 167 v.u.Z. entweiht und als Folge der Makkabäeraufstände 164 v.u.Z. erneut als Dritter Tempel in Betrieb genommen wurde, bis er durch die Römer 70 u.Z. endgültig zerstört und seither nie wieder aufgebaut wurde.

Politisch wie kulturgeschichtlich stand das jüdische Volk nach dem babylonischen Exil nicht mehr nur unter vorderorientalischen Einflüssen (der Babylonier, Ägypter, Syrer und Perser), sondern in zunehmendem Maße spielte auch griechisches und später römisches Gedankengut eine Rolle. 332 v.u.Z. erobert Alexander d. Gr. Palästina, seine Nachfolger machen den griechischen Einfluss stark, die Zeit des Hellenismus prägt den Vorderen Orient ebenso wie Nordafrika und die europäische Seite des Mittelmeers. Von 67 v.u.Z. an kommen die Römer nach Palästina und errichten im Lauf der Jahre dort ihre Herrschaft. Die Reaktion auf diese Fremdherrschaft war unter den Juden Palästinas recht unterschiedlich. Die Sadduzäer versuchten, sich mit der römischen Herrschaft, vor allem unter König Herodes d. Gr. (reg. 37–4) zu arrangieren. Zu ihnen gehörten hauptsächlich die Priester und Aristokraten, ihr Name ist vermutlich vom Priestergeschlecht des Zadok abgeleitet. Auch Schriftgelehrte scheint es unter ihnen gegeben zu haben. Theologisch waren sie insofern konservativ, als sie nur die Aussagen der Tora gelten ließen und deshalb wie in der Anfangszeit der jüdisch-biblischen Religion an kein Weiterleben der Seele nach dem Tod glaubten. Des Weiteren lehnten sie die mündliche Tora ab und glaubten auch nicht an Engel. Politisch waren sie konservativ und bemühten sich, die bestehende Gesellschaftsordnung zu wahren und jeden Angriff auf die herrschenden Verhältnisse abzuwehren. Die Orientierung am Tempel als dem eigentlichen Zentrum des Judentums war für sie oberste Devise. Eine weitere Gruppierung innerhalb des Judentums der Zeitenwende waren die Pharisäer. Sie glaubten an die Unsterblichkeit der Seele, an Engel, an die Auferstehung der Toten und an die Vergeltung für die menschlichen Taten im Jenseits. Ihre Mitglieder kamen weniger aus Priesterkreisen, sie waren vorwiegend Händler, Kaufleute und Bauern, die sich in ihrer Freizeit dem Bibelstudium hingaben und um eine strikte Einhaltung aller Regeln des jüdischen Religionsgesetzes bemüht waren. Kultische Reinheit war für sie von besonderer Wichtigkeit, deshalb hüteten sie sich vor jeder Form von Verunreinigung, sei es im Umgang mit Menschen oder mit Sachen. Klosterähnlich fromm lebte eine religiöse Gemeinschaft in Qumran am Toten Meer, die von der Forschung mit den beim jüdischen Geschichtsschreiber Flavius Josephus Ende des 1. Jahrhunderts u.Z. erwähnten Essenern in Verbindung gebracht wird. Es handelte sich dabei um eine streng ritualistisch ausgerichtete Gruppierung, die sich als einzig legitime Repräsentanz Israels verstand und davon überzeugt war, dass ihre Mitglieder am Tag des Gottesgerichts allein gerettet werden würden. Sie vertrauten darauf, durch strenge Einhaltung aller Regeln von Gott dafür als würdig angesehen zu werden. Die Forschung hat immer wieder geprüft, ob Johannes der Täufer oder Jesus zu dieser Gemeinschaft Beziehungen gehabt und eventuell Teile ihrer Lehre von dort übernommen haben. Die inzwischen zugänglichen Texte lassen begründet vermuten, dass dies nicht der Fall gewesen ist. Erwähnenswert ist aus dieser Zeit noch eine vierte Richtung innerhalb des Judentums in Palästina: die Zeloten, gesetzestreue „Eiferer“, die zum bewaffneten Aufstand gegen die Fremdherrschaft aufriefen und sich in diesem Sinn auch engagierten. Sie schreckten nicht vor Kampfhandlungen zurück und übten sich auch in Guerillakämpfen, um ihre politischen Ziele zu erreichen. Ihre Absicht war es, die politische Selbstständigkeit Israels zu erlangen und im Vertrauen auf Gott die Herrschaft der jüdischen Religion im Land durchzusetzen. Sie konnten deshalb immer wieder Anhänger in der Bevölkerung finden, weil der religiöse Nährboden für solche Ideen günstig war.

Kulturgeschichtlich hat der Hellenismus eine große Wirkung auf die Juden außerhalb Palästinas gehabt. In zunehmendem Maß wurden sie hellenisiert. Die Kenntnis der hebräischen Sprache ging unter ihnen derart rapide zurück, dass um 250 v.u.Z. die Hebräische Bibel ins Griechische übersetzt wurde, um den Juden in der Diaspora den Zugang zu den Texten ihrer heiligen Schrift zu ermöglichen. Der Legende nach wurde die Übersetzung von 72 Gelehrten angefertigt und heißt deshalb bis heute „Septuaginta“ (lat.: „siebzig“). Noch bedeutender als die Septuaginta war für die Hellenisierung des Judentums der Diaspora das Werk des jüdischen Religionsphilosophen Philon von Alexandrien (ca. 20 v.u.Z.–50 u.Z.). Für ihn war Moses der erste Philosoph der Menschheit, dessen Gedankengut über Platon im griechischen Kulturkreis bekannt gemacht wurde und in der Hebräischen Bibel seinen Offenbarungsanspruch fortgesetzt hat. Philons allegorische Bibelauslegung stellte die Brücke zwischen griechischem Denken und jüdischer Weltsicht her, indem die Geschichten der Bibel wie Parabeln des Menschseins gelesen und gedeutet wurden. Folglich waren die Geschichten von Adam und Eva oder Kain und Abel keine Erzählungen von Menschen aus der Anfangszeit der Geschichte, sondern exemplarische Verhaltensweisen des Menschen, die zu allen Zeiten Gültigkeit hatten. Andererseits trat Gott nicht direkt mit der Schöpfung in Kontakt, sondern durch den „Logos" (Wort, Weltvernunft), der eine Art Mittlerfunktion hatte und durch den alles hervorgebracht wurde. Der Beginn des Johannes-Evangeliums der Christen greift diesen Gedanken wieder auf, deutet aber den Logos als in Jesus Christus Mensch gewordenes Wort Gottes.

Die Wirkung der Schriften von Philon kann für den hellenistischen Bereich kaum überschätzt werden. Viele hellenistisch Gebildete fühlten sich derart stark davon angesprochen, dass sie zum Judentum übertreten wollten. Solche „Hinzugekommenen" (Proselyten) aber waren ursprünglich nicht vorgesehen. Zur Zeit Jesu wurde dies möglich gemacht, und es gab wohl eine regelrechte Mission der Juden unter den Nichtjuden (vgl. Mt 23,15), den sog. „Heiden", während andere Richtungen innerhalb des Judentums beim alten Brauch des Judentums als Religion, in die man hineingeboren werden musste, blieben und das „Proselytentum" ablehnten. Hinzu kommt, dass es verschiedene Formen der Aufnahme ins Judentum gab: als „Gottesfürchtige" (sie nahmen am jüdischen Gottesdienst teil und fühlten sich dem Judentum nahe, ohne sich beschneiden zu lassen); als solche, die sich beschneiden ließen; als solche, die sich der Beschneidung und dem Tauchbad unterzogen; und als solche, die Beschneidung, Tauchbad und Darbringung eines Opfers im Tempel vollzogen. Die Stellung zum Proselytentum ist bis heute innerhalb des Judentums nicht eindeutig: Wie zur Zeit Jesu gibt es jüdische Richtungen, die Konversionen zum Judentum und damit das Proselytentum ablehnen, und es gibt solche, die Konvertiten akzeptieren und in ihnen Juden sehen, gleichwertig jenen, die von einer jüdischen Mutter geboren und innerhalb der jüdischen Tradition erzogen und aufgewachsen sind.

4. Judentum versus Christentum

Das markanteste Ereignis für das nachbiblische Judentum war die Zerstörung des Tempels von Jerusalem im Jahr 70 u.Z. Seither ist das Judentum ohne Zentralheiligtum, eine reine „Laienreligion" ohne Priesterhierarchie. Es fand, wie Bertram Schmitz richtig festgestellt hat, eine Art Arbeitsteilung statt[39]. Die Jesus-Anhänger entwickeln eine eigene Religion, das Christentum, und führen die Priestertradition mit ihrer Priesterhierarchie fort, sie betreiben eifrig Mission und

[39] Bertram Schmitz: Vom Tempelkult zur Eucharistiefeier. Die Transformation eines Zentralsymbols aus religionswissenschaftlicher Sicht, Münster 2006.

verwenden die griechische Umgangssprache (Koine-Griechisch) für Gottesdienst und Theologie, sie integrieren Philon von Alexandrien sowie das hellenistische Gedankengut in ihre Liturgie und Lehre. Das sich nun in Abgrenzung vom Christentum etablierende Judentum konstituiert sich als „Laienreligion“, konzentriert sich auf das Hebräische als Sprache für den Synagogengottesdienst, der Priesterstamm stirbt aus. Die Beachtung der Vorschriften, das „rechte Tun“ (Orthopraxis), hat Vorrang vor dem „rechten Glauben“ (Orthodoxie).

Das richtige Verhalten wurde durch die „mündliche Tora“, die neben der schriftlichen Tora der Bibel als Gottes Offenbarung gleichwertig besteht, von Generation zu Generation weitergegeben. Sie wurde in den Jahrhunderten nach der Zerstörung des Tempels gesammelt und schriftlich festgehalten, zunächst um das Jahr 200 u.Z. in Form der Mischna (Wiederholung, Lehre) und der diesbezüglichen Diskussionen in der Gemara (Vollendung). Aus der Zusammenführung beider entstand dann der Talmud und zwar in zwei Versionen: um 425 der sog. Jerusalemer Talmud und im 6. Jahrhundert der sog. babylonische Talmud. Damit waren die Grundorientierungen für das richtige Wandeln (Halacha, von „gehen“ abgeleitet) der gläubigen Juden ebenso festgelegt wie ihr Schatz an Erklärungen und Erzählungen (Haggada). Bis heute ist der Talmud eine wichtige Quelle für das Judentum, obwohl später noch andere, modernisiertere Adaptationen wie etwa der 1565 gedruckte Schulchan Aruch (der gedeckte Tisch) des in Palästina lebenden Gelehrten Josef Karo hinzugekommen sind.

Insgesamt sind 248 Gebote und 365 Verbote zu beachten. Typisch für das jüdische Leben ist dabei die Fülle von Speisevorschriften, die es zu beachten gilt. Hier schlagen sich am stärksten die Spuren der Tradition nieder, ohne dass alles logisch erklärbar ist. Als Grundregel gilt, dass Fleisch- und Milchspeisen nicht miteinander vermischt werden dürfen. Selbst das Geschirr wird diesbezüglich getrennt verwendet, manche Ultraorthodoxe meinen sogar, dass man zwei Spülmaschinen brauche, um jede Vermengung zwischen dem Geschirr für Fleisch und dem für Milchprodukte vermeiden zu können. Ein Steak darf daher nur mit einer „baked potato“ ohne Crème fraiche serviert werden. Es darf nur das Fleisch von wiederkäuenden Tieren und solchen mit gespaltenen Klauen verzehrt werden, also von Rindern, Schafen und Ziegen, der Genuss von Schweine-, Kamel- oder Hasenfleisch ist dagegen verboten. Allerdings setzt der Verzehr der erlaubten Fleischsorten zudem voraus, dass die Tiere vorschriftsmäßig geschlachtet („geschächtet“) und entsprechend den Vorschriften zubereitet sind. An Wassertieren dürfen nur die mit Schuppen und Flossen gegessen werden. Aal, Muscheln, Hummer oder Krabben sind also verboten. Auch für die Herstellung von Wein gibt es genaue Regeln, deren Einhaltung über die Zulässigkeit des Verzehrs entscheidet. Vergleichbar differenziert sind die Regeln, um die Zulässigkeit für das Tragen von Stoffen festzulegen. So ist der Alltag der Juden in vielerlei Hinsicht sehr konkret durch religiöse Vorgaben bestimmt, von der religiös bedingten kleinen Schriftkapsel (*Mesusa*) am Eingang eines jeden jüdischen Hauses bis zu

Kleidung (u.a. Gebetsmantel [*Tallit*] mit „Schaufäden" [*Zizit*] sowie Gebetskapseln und -riemen [*Tefillin*]) und Küche, ganz zu schweigen von der Feier des wöchentlichen Sabbats (von Freitagabend bis Samstagnachmittag) und den Festen im Jahresablauf, vor allem Pessach zum Gedenken an den Auszug aus Ägypten (Exodus) nach dem ersten Frühlingsvollmond im März/April, das Wochenfest (Schawuot) sieben Wochen nach Pessach zur Erinnerung an die Gottesoffenbarung am Sinai sowie im September/Oktober das Laubhüttenfest (Sukkot) als „Fest der Torafreude", der Neujahrstag (Rosch ha-Schana, wovon der deutsche Wunsch an Neujahr für einen guten „Rutsch" abgeleitet ist) und der Versöhnungstag (Jom Kippur). Auch die wichtigsten Etappen im Leben (für die 13-jährigen Jungen die Beschneidung mit der Bar-Mizwa-Feier und für die 12-jährigen Mädchen die Bat-Mizwa-Feier als Eintritt in die religiöse Volljährigkeit; die Hochzeit und die Beerdigung) werden feierlich begangen.

Die Beachtung der Gebote und Verbote prägt das rabbinische Judentum, das in Europa in zwei große Gruppen unterteilt ist: Aschkenasim und Sephardim. Ersteres meint die deutschen Juden, die nach Osteuropa ausgewandert waren, mit Jiddisch als Verständigungssprache, also einem altertümlichen Deutsch, durchsetzt mit zahlreichen Wörtern hebräischen Ursprungs und in hebräischer Schrift geschrieben; Letzteres ist ein kulturell in Spanien entstandenes Judentum, das nach der Reconquista in weiten Gebieten des islamischen Herrschaftsgebiets, vor allem in der Levante (Türkei, Griechenland, Nordafrika), anzutreffen ist und sich des Ladino als Verständigungssprache bedient, also eines altertümlichen Spanisch, durchsetzt mit zahlreichen Wörtern hebräischen Ursprungs, und teilweise mit hebräischen, teilweise mit lateinischen Buchstaben geschrieben. In diesen beiden Formen des Judentums wird das Hebräische oft unterschiedlich ausgesprochen, beispielsweise wird das erlaubte Essen aschkenasisch als „koscher", sephardisch dagegen als „kascher" bezeichnet. Neben der rabbinischen Form des Judentums gibt es seit dem 11. Jahrhundert noch eine mystische Form (Kabbala), für die die mystische Vereinigung mit Gott das zentrale Anliegen religiöser Betätigung ist. Allerdings sollen erst fromme Juden im höheren Alter sich auf diesen Weg der Gottesbegegnung begeben und dies auch nicht ohne genaue Anleitung, da die Grundüberzeugung vorherrscht, dass die Begegnung mit Gott im sog. „Thronwagenwerk" eine höchst gefährliche Angelegenheit ist, die nicht selten Gefahr für Leib und Leben bedeutet. Andere Orientierungen des Judentums sind in Polen und Litauen der Chassidismus, eine Erzähltradition vom Geheimnis der Gottesschau, und innerhalb des islamischen Herrschaftsbereichs die karaitische Richtung (Karäer), die sich streng an die Tora hält und der Schrift gegenüber der mündlichen Tradition Priorität einräumt.

Geistesgeschichtlich und politisch war die Französische Revolution (1789) für Europa von großer Bedeutung. Freidenkerisches Gedankengut wurde hoffähig, die Aufklärung erfasste ganz Europa, und politisch wurden die Juden den Christen gleichgestellt. Dies hatte auch Folgen für die Juden selbst. Sie befassten sich mit der Aufklärung, und diese Beschäftigung führte zu philosophischen Formen jüdischer Aufklärung (Haskala) und innerjüdisch zu Reformen, aus denen ein liberales Judentum hervorging, das vor allem im Zusammenhang mit der Entstehung der Nationalstaaten darauf pochte, dass Juden als Staatsbürger jüdischen Glaubens dieselben Rechte bekamen wie die übrigen Staatsbürger. Diese politische Gleichstellung (Emanzipation) war in der Folgezeit immer wieder Gegenstand politischer Auseinandersetzungen. Innerhalb des Judentums waren die Reformen (Gottesdienst in der Landessprache, später Einführung von Rabbinerinnen und Bat-Mizwa-Feiern sowie die Aufhebung der Trennung von Männer- und Frauenbereichen in der Synagoge) Anlass zu Richtungskämpfen zwischen den liberalen, den konservativen und den orthodoxen Juden. Diese Richtungen bestehen bis heute fort und kennzeichnen die innerjüdischen Differenzierungen bis in die Gegenwart.

Die unter Europäern durch die Jahrhunderte latent vorhandene Tendenz, Juden abzulehnen (Antisemitismus), führte immer wieder – vor allem in Krisenzeiten – zu Ausschreitungen gegen sie. Der Antisemitismus bekam im 19. und 20. Jahrhundert insofern eine neue Dimension, als mit ihm eine Rassenlehre verbunden wurde, die Juden zu „Untermenschen" erklärte und im Dritten Reich unter Adolf Hitler (1933–1945) zur systematischen Vernichtung von sechs Millionen Juden geführt hat (Holocaust bzw. Shoa). Aufgrund der Judenverfolgungen im zaristischen Russland (Judenpogrome) entstand Ende des 19. Jahrhunderts der Gedanke, ein Land zu schaffen, in dem die Juden in Sicherheit und Freiheit leben konnten. Die Idee des Zionismus war geboren, ihr Hauptverfechter war Theodor Herzl (1860–1904). Die Briten unterstützten „die Schaffung einer nationalen Heimstätte in Palästina mit Wohlwollen" (Balfour-Deklaration 1917), zur Ausrufung des Staates Israel kam es am 14. Mai 1948, nachdem das ganze Ausmaß des Holocaust bekannt geworden war und die Notwendigkeit einer „nationalen Heimstätte" für die Juden unausweichlich erschien. Die damit einhergehenden Vertreibungen und Gebietsverluste für die arabischen Palästinenser führten seither zu zahlreichen Auseinandersetzungen zwischen Israel und der arabischen Welt sowie zwischen Israelis und Arabern, bis hin zu Protestaktionen wie der Intifada und folgenschweren terroristischen Aktivitäten gegen Israel.

Das Entsetzen über den Holocaust hatte in Deutschland zur Folge, dass die Christen, Katholiken wie Protestanten, ihr Verhältnis zum Judentum neu bestimmten und Wege zum Dialog mit den Juden suchten. Daraus erwuchs auf beiden Seiten eine neue Sichtweise des jeweils anderen. Die Christen lernen ihre jüdischen Wurzeln besser kennen, die Juden beschäftigen sich mit dem „Juden Jesus".

Christentum

Die Geschichte des Christentums beginnt eigentlich erst nach dem Tod Jesu, als seine Getreuen zu der Überzeugung gelangten, dass der am Kreuz gestorbene Jesus von Nazareth nicht tot, sondern von Gott zu einem neuen Leben erweckt worden ist und lebt. Sie verkündeten diese Botschaft in ihrem jüdischen Umfeld in Jerusalem und ganz Palästina und wurden so zur Gruppe der an Jesus Christus glaubenden Juden. Dabei war der Ausdruck „Jesus Christus" zugleich ihr Lehrinhalt, nämlich die Aussage, dass der Jude Jesus von Nazareth der von den Juden erwartete Messias (griech.: Christos, lat.: Christus) ist. Damit standen sie in Opposition zur Mehrheit der Juden, die in dem am Kreuz gestorbenen Jesus von Nazareth nicht den von ihnen sehnlichst erwarteten Messias sahen. Nach ihrer Meinung sollte der Messias der Befreier Israels sein und nicht ein als Verbrecher zum Tod Verurteilter und Hingerichteter. Auch den an Jesus als den Messias (Christus) Glaubenden fiel der Nachweis, dass er wirklich der Messias gewesen sei, nicht leicht. Davon zeugen die Schriften aus der frühesten Phase des Christentums, die Paulusbriefe und die Evangelien. Letztere sind keine reinen Biographien, sondern Deutungen des Lebens Jesu im Licht des Glaubens seiner Anhänger. Für die Jesusforschung stellt sich daher die Aufgabe, den historischen Jesus aus den Zeugnissen über den Christus des Glaubens zu rekonstruieren.

1. Der historische Jesus und der Christus des Glaubens

Die ältesten Darstellungen des Lebens Jesu sind die vier Evangelien, die ins Neue Testament Eingang gefunden haben. Es sind nicht die einzigen Evangelien, die wir kennen. Daneben gibt es noch – meist etwas später verfasste – weitere Schriften, die die Bezeichnung Evangelium (d.h. frohe Botschaft) für sich verwenden (z.B. das Petrus-Evangelium, das Nikodemus-Evanglium, das Evangelium der Wahrheit). Sie unterscheiden sich in Form, Sprache (Griechisch) und Inhalt von den im Neuen Testament stehenden (kanonischen) vier Evangelien des Matthäus, Markus, Lukas und Johannes nicht so sehr, dass man erklären kann, warum die zuletzt genannten kanonisch, die anderen dagegen nicht kanonisch, sondern apokryph sind. Allein die Tradition hat dies so entschieden. Das Einzige, was sich feststellen lässt, ist, dass die Texte, je später sie entstanden sind, umso mehr Wunderbares über Jesus berichten. An außerbiblischen Quellen gibt es wenige, die die historische Existenz Jesu belegen. Hier sind jeweils eine Stelle in den Annalen des römischen Geschichtsschreibers Tacitus, im Leben der Cäsaren des römischen Autors Sueton und in der Geschichte des Römisch-Jüdischen

Kriegs von Flavius Josephus zu nennen. All diese Stellen aus der Wende zum 2. Jahrhundert beziehen sich primär auf die Existenz bzw. Rolle von Christen und nennen Jesus nur als Erklärung für die Bezeichnung „Christen". Weitere Quellen bieten entweder noch weniger Brauchbares (z.B. ein Brief von Plinius dem Jüngeren) oder sind aus wesentlich späterer Zeit (z.B. der Koran). Infolgedessen sind die kanonischen Evangelien bis heute die relativ zuverlässigsten Quellen zum Leben Jesu.

Die vier kanonischen, in griechischer Sprache verfassten Quellen (ob es für das Matthäus-Evangelium eine hebräische Vorlage gegeben hat, ist umstritten, doch selbst wenn, so ist ein entsprechender Text bis heute nicht gefunden worden) sind in ihren Aussagen keineswegs deckungsgleich. Matthäus, Markus und Lukas folgen demselben Aufbau. Man nennt sie deshalb die Synoptiker, weil sich aus ihnen leicht eine Art Gesamtschau (griech.: Synopse) bezüglich des Lebensverlaufs erstellen lässt, während das Johannes-Evangelium seinen eigenen Verlaufsplan hat. Dabei ist der Aufbau des Markus der kürzeste. Man glaubt deshalb, dass das Markus-Evangelium der älteste der synoptischen Texte ist (kurz vor 70 u.Z. verfasst) und sowohl Matthäus als auch Lukas als Vorlage bei der Abfassung ihrer Evangelien diente, wobei sie den Aufbau mehrfach unterbrochen und weitere Dinge eingeschoben haben. Diese Einschübe enthalten entweder Aussprüche (griech.: Logien) Jesu in griechischer Übersetzung oder Sondergut, das – wie etwa die Kindheitsgeschichten bei Matthäus (z.B. die Ankunft der Weisen aus dem Morgenland) und Lukas (z.B. die Volkszählung als Ursache, dass Joseph und die hochschwangere Maria von Nazareth in Galiläa nach Bethlehem in Judäa zogen) – sich nur bei einem einzigen der beiden Evangelisten findet. Die Übereinstimmung in den Logien hat in der heutigen Theoriebildung bezüglich der Evangelien dazu geführt, zwei Quellen für Matthäus und Lukas anzunehmen: das Markus-Evangelien und die Logienquelle (Q). Dabei ist es für diese „Zwei-Quellen-Theorie" letztlich unerheblich, ob die Logienquelle je in schriftlicher Form vorgelegen hat oder nicht. Entscheidend ist, dass mit Hilfe der „Zwei-Quellen-Theorie" die Übereinstimmungen wie die Unterschiede zwischen den synoptischen Evangelien plausibel erklärbar sind und die Jesus-Forschung auf dieser Basis zu ihren Schlussfolgerungen kommt.

Besondere Probleme stellen sich demnach für die Datierung und die Umstände der Geburt Jesu, den Beginn und Verlauf des öffentlichen Lebens Jesu und schließlich die Endphase des irdischen Lebens Jesu mit Gefangennahme, Prozess, Kreuzigung, Tod und Auferstehung.

Was die Datierung und die Umstände der Geburt angeht, so sind unüberwindbare Gegensätze zu nennen. Die Geburt ereignete sich nach Matthäus unter König Herodes, der von den Weisen aus dem Morgenland noch in Jerusalem angetroffen wird, nach Lukas im Zusammenhang mit der Volkszählung im Römischen Reich, die in Palästina unter dem syrischen Statthalter Quirinus stattgefunden hat. Eine solche Volkszählung ist aus dem Jahr 6 u.Z. belegt, während

Herodes bereits Ende 5 v.u.Z. Jerusalem verlassen hat und 4 v.u.Z. fern von Jerusalem verstorben ist. Die Weisen aus dem Morgenland finden – geleitet von einem Stern (es ist in der Forschung umstritten, um welche Sternenkonstellation es sich dabei gehandelt haben könnte; je nach Vermutung kommen die Jahre 8–6 v.u.Z. in Betracht) – das Kind in Bethlehem in einem „Haus" (Mt 2,11), in dem Maria und Josef, die Eltern Jesu, wohl wohnten, während Jesus nach Lukas in einer „Krippe" liegt (Lk 2,7) und somit in einer Art Notunterkunft (einem Stall?) zur Welt gekommen ist, weil die aus Nazareth angereisten Eltern Jesu wegen der Volkszählung nach Bethlehem kommen mussten und dort keine Herberge mehr fanden. Auch die weiteren Ereignisse entsprechen diesen deutlich unterschiedlichen Rahmenbedingungen. Nach Matthäus bewirkt ein Engel, dass Josef mit Frau und Kind aufbricht, um nach Ägypten zu fliehen und auf diese Weise den Nachstellungen von Herodes zu entgehen, während nach Lukas die Eltern mit dem Kind über Jerusalem nach Nazareth zurückkehren. Obwohl ein Racheakt des Herodes durchaus seinem Naturell entspricht, ist bislang kein Beweis für einen tatsächlich erfolgten „bethlehemitischen Kindermord" erbracht worden. Alles spricht dafür, dass für die an Jesus als Christus glaubenden ersten Anhänger dieser der neue Moses war, der wie der erste Moses vor den Nachstellungen des Herrschers auf wunderbare Weise errettet wurde und aus Ägypten kam, um sein Volk in die Freiheit (Erlösung) zu führen, während er nach Lukas der „Heiland" und der „Herr" (*kyrios*) (vgl. Lk 2,11) gewesen ist, durch den den Armen die frohe Botschaft verkündet wurde und der es mit jedem anderen „Heiland" als Heilsbringer aufnehmen und seinen Herrschaftsanspruch dem des römischen Kaisers (*kyrios*) entgegensetzen konnte. Trotz all dieser Ungereimtheiten geht die heutige Wissenschaft davon aus, dass Jesus von Nazareth historisch existiert hat und etwa 8–6 v.u.Z. geboren wurde. Keine Einigkeit besteht über den Geburtsort (Bethlehem oder Nazareth), die im Koran erwähnte Geburt Jesu in der Wüste wird dagegen wissenschaftlich nicht ernsthaft diskutiert. Dass Jesus von einer Jungfrau geboren wurde, gilt als typisches Merkmal großer Männer der damaligen Zeit, wie es beispielsweise auch von Platon und Alexander d.Gr. behauptet wurde.

Der Beginn des öffentlichen Auftretens Jesu – sieht man einmal von der im Lukasevangelium berichteten Episode des zwölfjährigen Jesus im Tempel von Jerusalem ab – wird mit dem Auftreten Johannes' des Täufers in Verbindung gebracht und fällt etwa in die Jahre 27–29 u.Z. Die Evangelien berichten, dass sich Jesus von Johannes hat taufen lassen. Das damit verbundene Szenario, dass sich Johannes zuerst weigern möchte, Jesus zu taufen, es dann aber doch tut, während eine Stimme vom Himmel Jesu Bedeutung herausstreicht, gilt der heutigen Forschung als Beweis dafür, dass diese Taufe tatsächlich stattgefunden hat, später aber von den Anhängern des Johannes, die es bis ins 3. Jahrhundert hinein gab, als Argument dafür verwendet wurde, dass Johannes über Jesus steht, während die Texte der Evangelien gerade das Gegenteil nachzuweisen suchen. So ist auch der Besuch Marias, der Mutter Jesu, bei Elisabeth, der Mutter des Johannes, zu sehen, während noch vor der Geburt der beiden bereits die Höherstellung Jesu im Vergleich zu Johannes bei Lukas festgehalten wird (vgl. Lk 1,39ff). Umstritten ist in der Forschung nicht nur der Beginn des öffentlichen Auftretens, sondern auch der Verlauf und die Dauer dieses öffentlichen Wirkens Jesu. Von ein bis drei Jahren ist dabei auszugehen, Jesu Wirken findet vornehmlich in weniger bedeutenden jüdischen Siedlungen wie Kafarnaum statt, während hellenistische Orte wie Sapphoris oder Tiberias ihn offenbar nicht interessierten. Wie von allen berühmten Persönlichkeiten der Antike (z.B. Kaiser Vespasian) wird auch von Jesus berichtet, dass er viele Wunder gewirkt habe. Seine Lehre konzentrierte sich auf das Erbarmen Gottes, der in Gleichnissen beschrieben wird wie einer, der dem verlorenen Schaf nachgeht und dafür die Herde allein lässt (Lk 15,3ff), wie eine Frau, die unablässig eine verlorene Drachme (d.h. ein Geldstück) sucht (Lk 15,8ff), wie einer, der dem in der letzten Stunde Gekommenen ebenso viel gibt wie denen, die den ganzen Tag über da waren (Mt 20,1ff), wie einer, der Hochzeit mit einfachen Leuten feiert, weil die geladenen Vornehmen nicht gekommen sind (Mt 22,1ff), wie einer, der seinen Sohn voll Freude aufnimmt und ein Festmahl für ihn veranstaltet, obwohl dieser sein ganzes Geld und Erbe in der Fremde verprasst hat (Lk 15,11ff). So wird deutlich: Es „wird im Himmel mehr Freude herrschen über einen einzigen Sünder, der umkehrt, als über neunundneunzig Gerechte, die es nicht nötig haben umzukehren.“ (Lk 15,7) Offen bleibt bei alledem, warum es zum Konflikt zwischen Jesus und dem religiösen Establishment gekommen ist.

Die Endphase des irdischen Lebens Jesu ist gekennzeichnet durch Stichwörter wie Gefangennahme, Prozess, Kreuzigung, Tod und Auferstehung. Der Konflikt zwischen Jesus und dem religiösen Establishment – vor allem der Gruppe der Sadduzäer – ist bis heute nicht eindeutig rekonstruierbar, weil die Evangelien sehr viel mehr eine Konfrontation zwischen Jesus und der Gruppe der Pharisäer andeuten. Historisch scheint nicht ausgeschlossen zu sein, dass ein Auslöser für den tatsächlichen Konflikt die Vertreibung der Händler durch Jesus aus dem Tempel von Jerusalem war. Sicher ist nur, dass sich die Lage zuspitzte, es dann zur Verhaftung Jesu kam und Jesus der Prozess gemacht wurde. In einem guten Zusammenspiel zwischen dem Synhedrium (dem Hohen Rat der Juden) und der römischen Besatzungsmacht (Pontius Pilatus) wurde Jesus – vermutlich im Jahr 30 oder 33 – zum Tod am Galgen (Kreuz) verurteilt und kurz vor dem jüdischen Pessachfest hingerichtet. Er starb als Verbrecher, (scheinbar) von Gott verlassen, die Anhänger Jesu, vor allem die Zwölf (Apostel), waren enttäuscht und sahen ihre Hoffnung auf die Errichtung der Gottesherrschaft durch Jesus verloren. Sie zogen sich zurück, kamen aber weniger als drei Tage nach dem Tod Jesu zu der Überzeugung, dass Gott Jesus von den Toten auferweckt habe (Auferstehung, Ostern).

Der Glaube an Jesus als den Gekreuzigten und Auferstandenen wird zum bestimmenden Merkmal und zum eigentlichen Inhalt der christlichen Botschaft. Immer stärker und ausgeprägter wird die Überzeugung, dass Jesus in neuer Weise lebendig sei. Zu dieser neuen Weise der Existenz gehört sein Erscheinen trotz verschlossenen Türen, seine Himmelfahrt und die Erwartung seiner Wiederkunft am Ende der Zeiten. Mit dieser Botschaft treten die ersten an Jesus als Christus glaubenden Juden bereits 50 Tage nach der Auferstehung (Pfingsten) an die Öffentlichkeit, sie nehmen für das Bezeugen dieser Botschaft sogar Verfolgung und Tod (Martyrium) in Kauf. Ein enormer Missionseifer setzt ein, im ganzen Römischen Reich entstehen Gemeinden von Christusgläubigen, zunächst unter den Juden, bald aber auch unter den Nichtjuden (den sog. „Heiden"). Vor allem Paulus ist hier als besonders aktiver und erfolgreicher Missionar zu nennen. Ihm ist es zuzuschreiben, dass die sich zu Christus bekennenden Nichtjuden die jüdischen Speisevorschriften nicht einzuhalten brauchten (vgl. die Entscheidung des sog. Apostelkonzils in Apg 15). Langfristig bedeutete diese Entscheidung, dass sich das Christentum vom Judentum lösen und als eigenständige Religion etablieren konnte.

Bereits Ende des 1. Jahrhunderts berichtet der römische Schriftsteller Plinius der Jüngere in einem Brief, dass die Christen Jesus „wie einem Gott" (*quasi deo*) Gesänge widmen. Das Neue Testament kennt aber noch mehr Jesusbilder. Nach dem Matthäus-Evangelium ist Jesus der neue Moses, nach dem Markus-Evangelium der große Wundertäter, nach dem Lukas-Evangelium der „Heiland" und „Herr" und steht damit eindeutig über allen anderen Heilsangeboten und als der wahre „Kaiser" für die Christen auch über dem Römischen Kaiser. Nach dem Johannes-Evangelium ist Jesus der Logos (= das Wort [Gottes]), der vor aller Zeit war und in Jesus Christus Fleisch, d.h. Mensch, geworden ist (Inkarnation). Zu den Christusbildern der Evangelien kommen noch die der Briefe des Neuen Testaments: z.B. das des Neuen Adam im Römerbrief und des Hohen Priesters im Hebräerbrief, schließlich ist Jesus als das Lamm in der Apokalypse zu erwähnen. Damit gilt als sicher, dass das frühe Christentum eine Vielzahl von Jesus- bzw. Christusbildern kannte, die nebeneinander existierten und im Lauf der Zeit, als die erwartete Wiederkehr Jesu in Herrlichkeit (Parusie) sich immer weiter hinzog (Parusieverzögerung, im Klartext bis heute 2000 Jahre Kirchengeschichte), die Frage aufkommen ließ, wer nun Jesus wirklich gewesen und wie sein Verhältnis zu Gott gewesen sei, zumal auch der Gottesdienst und der Festkalender seinerseits Christusbilder enthielten, die ebenfalls die theologische Diskussion beeinflussten. Dies gilt für die Taufe „im Namen des Vaters, des Sohnes und des Heiligen Geistes" (vgl. Mt 28,19) ebenso wie für das historisch erste Geburtsfest Jesu, das in Alexandrien in der Nacht vom 5./6. Januar in Anlehnung an die Geburt des Gottes Aion gefeiert wurde und wie dort die Botschaft enthielt, dass in dieser Nacht das Licht erschienen sei (daher: Epiphanie = Erscheinung [des Herrn]), weil die Jungfrau das göttliche Kind geboren habe. Das zeitlich weit später in der lateinischen Westkirche üblich gewordene Geburtsfest Jesu in der Nacht vom 24./25. Dezember fällt wieder auf denselben Tag wie ein anderes Geburtsfest, die Geburt des unbesiegten Sonnengottes und die Geburt des Gottes Mithras im Mithras-Kult, die man an diesem Tage in Rom feierte.

2. Das 1. Schisma: Morgenland und Abendland

Die Frage, wer Jesus wirklich gewesen und wie sein Verhältnis zu Gott gewesen sei, bewegte das Christentum immer mehr und schließlich so sehr, dass Kaiser Konstantin sich gezwungen sah, dem Streit ein Ende zu machen. Deshalb rief er 325 u.Z. alle Bischöfe zu einem Konzil nach Nizäa/Nikaia (in der heutigen Türkei) zusammen, damit dort die Frage endgültig geklärt und entschieden werde. Strittig waren vor allem zwei Begriffe[40]: *homooúsios* = wesensgleich, wofür die Mehrheit stimmte, oder *homoioúsios* = wesensähnlich, was die Gegner unter der Führung von Arius vertraten. Die Auseinandersetzung wurde somit um ein einziges i (griech. Buchstabe jota) geführt. Das Konzil sprach sich für die Wesensgleichheit Jesu mit dem Vater aus und erklärte die Anhänger des Arius, die Arianer, zu Irrlehrern (Häretikern), die deshalb von den Kaisertreuen in den folgenden Jahrhunderten verfolgt und ausgeschlossen wurden, so dass diese Entscheidung den Auftakt zur ersten großen Spaltung innerhalb der Christentumsgeschichte, dem Schisma zwischen den Kirchen des Orients und der Kirche im Abendland führte.

Die Wesensgleichheit wird zudem dadurch unterstrichen, dass Jesus nicht als Geschöpf, als „geschaffen" bzw. „gemacht", sondern als aus dem Vater hervorgegangen, als „gezeugt" angesehen wird. Als solcher ist er zu den Menschen wegen unserer *sotería* (d.i. Rettung, Erlösung) gekommen. Er ist Fleisch bzw. Mensch geworden (griech.: *sarkothénta, en'anthropêsanta*). Damit sind die Grundlinien der Lehre über Jesus Christus (Christologie) festgelegt.

Die offene Frage von Nizäa, was über den Heiligen Geist zu sagen sei, wird sehr bald diskutiert, so dass wenige Jahrzehnte nach Nizäa ein weiteres von Kaiser Theodosius in die oströmische Hauptstand einberufenes Konzil (381) das Glaubensbekenntnis von Konstantinopel formuliert:

> „Ich glaube an den einen Gott, den allmächtigen Vater, Schöpfer des Himmels und der Erde, aller sichtbaren und unsichtbaren Dinge.
> Und an den einen Herrn, Jesus Christus, Gottes einziggeborenen Sohn. Er ist aus dem Vater geboren vor aller Zeit: Gott von Gott, Licht vom Lichte, wah-

[40] Das Folgende ist weitgehend die wörtliche Übernahme der entsprechenden Passage aus Peter Antes: Jesus zur Einführung, Hamburg: Junius 1998 (Reihe: Zur Einführung), S. 169; Nachdruck als: Jesus. Eine Einführung, Wiesbaden 2005 (Reihe: Grosse Denker – Eine Einführung).

rer Gott vom wahren Gott; gezeugt, nicht geschaffen, eines Wesens mit dem Vater. Durch ihn ist alles geschaffen. Für uns Menschen und um unseres Heiles willen ist er vom Himmel herabgestiegen. Er hat Fleisch angenommen durch den Heiligen Geist aus Maria, der Jungfrau, und ist Mensch geworden. Er ist für uns gekreuzigt worden unter Pontius Pilatus, hat gelitten und ist begraben worden. Er ist auferstanden am dritten Tage gemäß der Schrift. Er ist aufgefahren in den Himmel und sitzet zur Rechten des Vaters. Er wird wiederkommen in Herrlichkeit, Gericht zu halten über Lebende und Tote, und seines Reiches wird kein Ende sein.
Ich glaube an den Heiligen Geist, den Herrn und Lebensspender, der vom Vater (und vom Sohne) ausgeht. Er wird mit dem Vater und dem Sohne zugleich angebetet und verherrlicht. Er hat gesprochen durch die Propheten.
Ich glaube an die eine, heilige, katholische und apostolische Kirche. Ich bekenne die eine Taufe zur Vergebung der Sünden. Ich erwarte die Auferstehung der Toten und das Leben der zukünftigen Weltzeit. Amen."

Dieses Bekenntnis fußt auf dem von Nizäa und präzisiert die dort formulierten Aussagen über Jesus mit geringfügigen stilistischen und inhaltlichen Änderungen im ersten und zweiten Teil des Glaubensbekenntnisses. Zugleich fügt es klärende Worte im dritten Teil über den Heiligen Geist hinzu und bekennt sich im vierten Teil zur Kirche, wobei der Hinweis auf die „katholische" Kirche nicht konfessionell, sondern als universal, weltumspannend zu verstehen ist. In dieser Fassung fand das hier zitierte Glaubensbekenntnis sowohl im Oströmischen Reich als auch in der lateinischen Westkirche Zustimmung und Anerkennung. Es klärt das Verhältnis des Heiligen Geistes zu Gott-Vater, indem es sagt, dass dieser „vom Vater ausgeht", und dadurch seine Gottheit dogmatisch festlegt. Das Verhältnis des Heiligen Geistes zum Sohn bleibt indes ungeklärt und wird in der Westkirche durch den im zitierten Text in Klammern gesetzten Zusatz zunächst in Spanien, unter Papst Benedikt VIII. (1012–1024) auf Anordnung von Kaiser Heinrich II. dann für die römische Kirche verbindlich eingefügt. Diese Fassung des Glaubensbekenntnisses wird bis heute in der Messe der römisch-katholischen Kirche verwendet und aufgrund ihrer konziliaren Herkunft gewöhnlich das „nizänisch-konstantinopolitanische Glaubensbekenntnis" genannt. Die Ostkirche reagierte auf die Einfügung von „und vom Sohne" (lateinisch: *filioque*) negativ und sprach sich statt dessen für ein „durch den Sohn" aus. Deshalb ist die Frage um das „filioque" zu einer theologischen Streitfrage zwischen der orthodoxen Ostkirche und der lateinischen Westkirche geworden und hat auch 1054 bei der Trennung der abendländischen Kirche in diese zwei unterschiedlichen Richtungen des Christentums eine Rolle gespielt. Es ist bis heute ein dogmatisch relevanter Unterschied zwischen Ost und West.

Mit dem nizänisch-konstantinopolitanischen Glaubensbekenntnis war die theologische Entwicklung zum Trinitätsdogma abgeschlossen. Es war in der

Sache das klar formuliert, was die dann griffige Formel: „ein Gott in drei Personen" zum Ausdruck gebracht hat. Die Diskussion wandte sich nun wieder Jesus zu und wollte näher bestimmen, in welchem Verhältnis Gottheit und Menschheit in Jesus Christus zueinander standen. Zwei Christusbilder wurden propagiert und durch wortgewaltige und einflussreiche Propagandisten zum Streitpunkt gemacht: Cyrill, seit 412 Bischof von Alexandrien und einflussreicher Kirchenführer (Patriarch) in weiten Teilen des Orients, trat für eine möglichst enge Verbindung von Gottheit und Menschheit ein. Er wählte dafür ein einprägsames Bild: Die göttliche Natur durchdringt die menschliche wie Feuer eine glühende Kohle oder ein brennendes Stück Holz. Nestorius, von 398 an Bischof von Konstantinopel und ebenfalls einflussreicher Kirchenführer für weite Teile des Reichs, sah dies distanzierter und wählte für seine Beschreibung des Verhältnisses von göttlicher und menschlicher Natur in Christus das Bild vom Logos, der in dem Menschen Jesus wohnt wie in einem Tempel. Dementsprechend erklärte Nestorius, Maria habe zwar Christus geboren, von einer „Gottesgebärerin", wie dies Cyrill behaupte, könne aber nicht die Rede sein. Der Streit zwischen diesen beiden Kirchenführern und ihren unterschiedlichen Parolen: *christotókos* = Christusgebärerin (Nestorius) – *theotókos* = Gottesgebärerin (Cyrill) nahm solche Formen an, dass eine grundsätzliche Klärung notwendig wurde.

Die Entscheidung wurde 431 in Ephesus rasch durch eine vorzeitige Konzilseröffnung gefällt: Alle anwesenden 198 Bischöfe, die auf Seiten Cyrills standen, stimmten für dessen Lehre, während die sog. Nestorianer noch gar nicht eingetroffen waren. Spätere Proteste der Nestorianer konnten den Beschluss nicht mehr rückgängig machen. Die nestorianische Lehre war als Irrlehre (Häresie) verworfen. Als kirchliche Lehre galt von nun an das Dogma von der *theotókos* und über das Verhältnis der göttlichen zur menschlichen Natur das, was Cyrill in einem Brief an Nestorius geschrieben hatte und was durch das Konzil, bei dessen Eröffnungssitzung dieser Brief verlesen wurde, die Zustimmung der anwesenden Bischöfe gefunden hatte:

> „Obgleich die Naturen, die zu einer wirklichen Einheit verbunden wurden, verschiedene sind, so ist aus ihnen doch ein Christus und Sohn geworden. Nicht wie wenn die Verschiedenheit der Naturen um der Einigung willen aufgehoben worden wäre, sondern so, dass Gottheit und Menschheit zusammen uns den *einen* Herrn und Christus und Sohn gebildet haben, vermöge einer unaussprechlichen und geheimnisvollen Verbindung zu einer Einheit ... Denn es ist nicht zuerst ein gewöhnlicher Mensch aus der Jungfrau geboren und auf diesen dann das Wort [d.h. der Logos, P.A.] herabgestiegen, sondern aus dem Mutterschoße selbst ist er geeint hervorgegangen ..."

Die hier festgelegte Einheit der Person Christi in zwei Naturen, die sog. „hypostatische Union" (von griech.: *hypostasis* = Person) konnte die entstandenen

Parteiungen innerhalb der Kirchenprovinzen und theologisch-christologischen Interpretationen nicht befriedigen. Es kam zu neuen Konflikten und Theorien; die einen wollten die Menschheit praktisch ganz bedeutungslos werden und alles in der göttlichen Natur aufgehen (Monophysitismus = nur eine, d.h. die göttliche Natur) lassen wie ein Tropfen Wasser im Wein, die Nestorianer versuchten, mit immer neuen Argumenten die hypostatische Union als Konzept zu bekämpfen. Ein weiteres Konzil sollte Klarheit bringen. Es fand 451 in Chalzedon, einer Vorstadt von Konstantinopel auf der asiatischen Seite statt und war die bislang größte Kirchenversammlung in der Geschichte des Christentums. Die Zahl von 600 Teilnehmern ist sicher weit übertrieben, dennoch ist es vermutlich das bis in die Neuzeit am zahlreichsten von Bischöfen besuchte Konzil gewesen. In Gegenwart des Kaiserpaars wurde von allen Bischöfen diese Erklärung unterschrieben:

> „Folgend also den heiligen Vätern [d.h. von Nizäa und Konstantinopel] lehren wir alle einstimmig, dass der Sohn, unser Herr Jesus Christus, ein und derselbe ist. Der eine und selbe ist vollkommen der Gottheit und vollkommen der Menschheit nach wahrer Gott und wahrer Mensch, bestehend aus einer vernünftigen Seele und dem Leibe. Der eine und selbe ist wesensgleich dem Vater der Gottheit nach und wesensgleich auch uns seiner Menschheit nach, er ist uns in allem ähnlich geworden, die Sünde ausgenommen (Hebr 4,15). Vor aller Zeit wurde er aus dem Vater gezeugt seiner Gottheit nach, in den letzten Tagen aber wurde derselbe für uns und um unseres Heiles willen aus Maria, der Jungfrau, der Gottesgebärerin, der Menschheit nach geboren; wir bekennen einen und denselben Christus, den Sohn, den Herrn, den einziggeborenen, der in zwei Naturen unvermischt, unverwandelt, ungetrennt und ungesondert besteht. Niemals wird der Unterschied der Naturen wegen der Einigung aufgehoben, es wird vielmehr die Eigentümlichkeit einer jeden Natur bewahrt, indem beide in einer Person und einer Hypostase zusammenkommen. Wir bekennen nicht einen in zwei Personen getrennten und zerrissenen, sondern einen und denselben einziggeborenen Sohn, das göttliche Wort, den Herrn Jesus Christus, wie schon die Propheten ihn verkündet und der Herr Jesus Christus selbst es uns gelehrt und das Glaubensbekenntnis der Väter es uns überliefert hat. Da wir nun diese Entscheidung mit großer, allseitiger Umsicht und Genauigkeit verfasst haben, so beschloss die heilige und allgemeine Kirchenversammlung, dass niemand einen anderen Glauben vortragen oder niederschreiben, verfassen, hegen oder andere lehren dürfe."

Mit diesem Text sind nun alle andersartigen Interpretationen abgewehrt. Als Beispiele seien nur folgende Passagen wiederholt: „vollkommen der Gottheit und vollkommen der Menschheit nach wahrer Gott und wahrer Mensch, bestehend aus einer vernünftigen Seele und dem Leibe" richtet sich gegen jeden Versuch zu glauben, Jesus habe nur einen Scheinleib gehabt, sei also kein echter Mensch gewesen und habe infolgedessen gar nicht richtig zu leiden brauchen, wie es die Doketisten (abgeleitet von griech.: *dokein* = scheinen) behaupteten; „in [nicht: aus] zwei Naturen unvermischt und unverwandelt" wendet sich gegen die Monophysiten; „ungetrennt und ungesondert" weist die nestorianische Position zurück.

Es kann hier nicht die Aufgabe sein, alle weiteren abweichenden Positionen zu behandeln oder auch nur zu erwähnen, denn die Reihe der Diskussionspunkte und Erklärungsmodelle ist lang. Stattdessen ist eine Zusammenfassung der wichtigsten Aussagen dieser Glaubensbekenntnisse notwendig, weil sie für die folgende Christentumsgeschichte relevant sind. Durch die zitierten Texte wird deutlich, dass Jesus als „wahrer Gott und wahrer Mensch" und damit als echtes Bindeglied zwischen Gott und Mensch gesehen wird. Keine andere Religion der Antike ist so weit gegangen wie das Christentum, das lehrt, Gott selbst sei in einem historisch greifbaren, konkreten Menschen, Jesus Christus, sichtbar geworden gemäß dem Ausspruch Jesu im Johannes-Evangelium: „Und wer mich sieht, sieht den, der mich gesandt hat." (12,45) An seinem Handeln ist daher das Handeln Gottes ablesbar, ohne dass eine Verschmelzung zwischen beiden aus dem Satz: „ich und der Vater sind eins" (Joh 10,30) gefolgert werden darf, so dass am Ende Vater und Sohn nur noch Erscheinungsweisen ein und desselben Gottes wären. Das nämlich hatten die Modalisten (abgeleitet von lat.: *modus* = Art und Weise) behauptetet, und einige von ihnen hatten konsequenterweise sogar daraus die Folgerung gezogen, dass dann der Vater den Kreuzestod erlitten haben müsse, weshalb man sie Patripassianer, d.h. Vaterleider genannt hat.

Der eine Gott ist in drei Personen da, die Eins ist folglich ebenso ursprünglich wie die Drei, ohne dass dies einen Tritheismus, d.h. eine Drei-Götter-Existenz bedeutet. Die hier angesprochene Dreieinigkeit (drei in einem, lat.: *trinitas*, daher Trinität) ist nach der christlichen Lehre ein gedanklich nie vollständig auflösbarer Blick ins innerste Sein des einen und einzigen Gottes, der ganz Liebe ist (1Joh 4,16b) und diese Liebe in sich selbst im Geist des Gebens (Vater) und Empfangens (Sohn) vollzieht. Dies zu erfassen, haben christliche Philosophen immer wieder geistige Anstrengungen unternommen, sind aber letztlich nie zu einer vollständig zufriedenstellenden Lösung gekommen. Sie haben dafür den Personenbegriff so gefasst, dass er zum Kristallisationspunkt für Handeln und Beziehung und dadurch eine gestalthafte Bezugsgröße ohne Selbststand wurde. Dennoch blieb immer ein nicht weiter auflösbarer Rest bei all diesen Erklärungsversuchen übrig. Man tröstete sich mit Gottes unendlich viel größerem Geist, der letztlich für Menschen unergründlich und daher ein Geheimnis sei. Keine andere philosophische Ausrichtung im Mittelmeerraum stand vor ähnlichen Herausforderungen an das menschliche Denken. Ohne dieses logische Paradoxon eins = drei, das scheint sicher zu sein, hätte die abendländische Philosophie einen anderen Weg eingeschlagen. Sie hätte sich vermutlich mit dem begnügt, was sie als

Lehre von dem einen Gott (lat.: *de Deo uno*) von den Griechen durch die theologisierende Vermittlung der Araber übernommen hat. Der Trinitätslehre wegen aber mussten die christlichen Theologen im Mittelalter noch einen weiteren Traktat anfügen: den über den dreieinigen Gott (lat.: *de Deo trino*), in dem all die Spekulationen geboten werden, von denen hier die Rede ist.

Der Glaube an die Menschwerdung des Logos besagt, dass die Grenze zwischen Gott und Mensch mitten durch den Gottmenschen Jesus Christus verläuft. Dies bedeutet zum einen, dass Gott ganz nah an die menschliche Welt herangekommen und mit ihr verbunden ist. In der Sprache der Deutungen heißt dies, dass sich Gott den Menschen zugewandt hat, weshalb neuere Interpretationen dieser Aussage die Mit-Menschlichkeit Gottes betonen, bis hin zu der Devise: Mach's wie Gott, werde Mensch! Andererseits gilt diese Nähe auch umgekehrt, indem der Mensch in Jesus Christus mit Gott verbunden ist. Während der erste Aspekt das Herabkommen Gottes betont, legt letztere Auslegung den Akzent auf das Aufsteigen des Menschen zu Gott, in alter Formelsprache: das Hineinnehmen des Menschen in die Gottheit oder noch anders gesagt: Gott ist Mensch geworden, damit die Menschen göttlich werden.

Da die Inkarnation (d.h. die Menschwerdung) nie mehr endet, weil die hypostatische Union in alle Ewigkeit fortbesteht, wie das Bekenntnis von Chalzedon sagt, ist diese Heilszusage Gottes an den Menschen endgültig, weil der Mensch durch Jesus Christus bei Gott ist und daraus nach der gängigen Auslegung die Gewissheit abgeleitet werden muss, dass Gott den Menschen einlädt, an seinem innergöttlichen Leben teilzunehmen. Diese Einladung bleibt bestehen, komme, was wolle, d.h. was immer der Mensch als Einzelner oder die Menschheit als Ganze tun wird. Wollte Gott nämlich den Menschen verwerfen, so müsste er die Inkarnation rückgängig machen, was durch Chalzedon ausgeschlossen ist. Insofern ist das Bekenntnis von Chalzedon kühner als alles andere, was die Religionsgeschichte bislang an Heilszusagen eines Gottes für die Menschen zu bieten hat. Dies scheint Paulus klar gesehen zu haben, wenn er im ersten Korintherbrief schreibt: „wir verkündigen Christus als den Gekreuzigten, für Juden ein empörendes Ärgernis, für Heiden eine Torheit, für die Berufenen aber, Juden wie Griechen, Christus, Gottes Kraft und Gottes Weisheit." (1Kor 1,23f)

Die Lehre von der Trinität und der Inkarnation hat auch für die Anthropologie Konsequenzen. Es geht um die Erlösung des Menschen von der Sünde und ihren Folgen. Endgültig geschieht dies am Ende der Zeiten, wenn alle Menschen sich vor einem Gericht verantworten müssen. Von der Entscheidung des Richters (Gott, Jesus Christus) hängt es dann ab, wer mit Gott sein und wer verworfen werden wird. Offen ist dabei nach den Briefen des Neuen Testaments, welche Kriterien den Ausschlag geben: der Glaube und/oder die Werke, denn die Mit-Menschlichkeit ist von so großer Wichtigkeit, dass sie im Bericht des Matthäus-Evangeliums über das letzte Gericht zum ausschließlichen Kriterium gemacht wird, wenn dort der Richter sagt:

> „Ich war hungrig, und ihr habt mir zu essen gegeben; ich war durstig, und ihr habt mir zu trinken gegeben; ich war fremd und obdachlos, und ihr habt mich aufgenommen; ich war nackt, und ihr habt mir Kleidung gegeben; ich war krank, und ihr habt mich besucht; ich war im Gefängnis, und ihr seid zu mir gekommen. [...] Amen, ich sage euch: was ihr für einen meiner geringsten Brüder getan habt, das habt ihr mir getan." (Mt 25,35f.40)

Die Zusammenfassung dieser Aussagen berührt die große Bandbreite der Aspekte, die mit unterschiedlicher Akzentsetzung bei den einzelnen Menschen wie auch zu verschiedenen Zeiten der Geschichte des Christentums zum Tragen kamen.

Als Fazit gilt, dass durch die Konzilien von Nizäa, Konstantinopel, Ephesus und Chalzedon der rechte Glaube (Orthodoxie) der Reichskirche festgelegt wurde, während die Abweichler eigene Kirchen im Orient gründeten (z.B. die arianische, armenische, chaldäische, koptische, nestorianische Kirche), die regional teils große Bedeutung hatten, aber den Fortbestand der Kirche im Abendland nicht mehr nachhaltig beeinflussten.

3. Das 2. Schisma: In Europa orthodoxer Osten – lateinischer Westen

Für die weitere Entwicklung der Kirche im Abendland waren politische Ereignisse und Frömmigkeitsstile von entscheidender Bedeutung.

Das politische Ereignis, das wohl die nachhaltigste Wirkung auf die weitere Geschichte des Christentums im Abendland hatte, war der Untergang des Römischen Reiches im Westen zu Beginn des 5. Jahrhunderts gewesen, während das Oströmische Reich noch weitere 1000 Jahre, konkret bis zum Fall Konstantinopels im Jahr 1453, fortbestand. Folglich wurden dort die Herrschaftsstrukturen der christlichen Staatskirche des Römischen Reiches unter der Ägide des Kaisers weitergeführt, während im Westen Europas zunächst ein Machtvakuum entstand, das bald durch den Bischof von Rom (Papst) gefüllt wurde. In der Folgezeit wurde seine Führungsrolle dadurch deutlich, dass er als Pontifex Maximus (Ehrentitel des Römischen Kaisers in seiner Funktion als oberster Priester des Reiches) seine Stellung zu der eines Jurisdiktionsprimats, also einer rechtlich abgesicherten Führungsrolle für alle Bischöfe, Priester und Gläubige, ausbaute. Die Ostkirche lehnte diese Vorrangstellung des Bischofs von Rom ab und behauptete, dass durch die Verlegung der Hauptstadt von Rom nach Konstantinopel letzteres zum „zweiten Rom" geworden sei und deshalb dem Patriarchen von Konstantinopel ein Ehrenprimat zukomme, der die rechtliche Unabhängigkeit der anderen Patriarchen allerdings unangetastet lasse. Nach der Eroberung Konstantinopels (heute Istanbul) durch die Türken hatten dann die russischen Zaren von Moskau als dem „dritten Rom" gesprochen. Dies macht deutlich, wie eng die Patriarchatsstruktur der orthodoxen Kirchen mit der politischen Entwicklung der jeweiligen Länder verbunden ist, weshalb es bis heute neben den Patriarchen von Konstantinopel und Moskau auch einen serbischen, einen rumänischen und einen bulgarischen Patriarchen gibt, um nur diese zu nennen.

Die lateinische Westkirche leitet die Führungsrolle des Papstes in Rom nicht aus der Tatsache ab, dass Rom damals die Hauptstadt gewesen ist – eine Position, die im Lauf der Zeit wieder verloren gegangen ist, sondern dass die Vorrangstellung des Papstes darin begründet liege, dass dieser Bischofssitz der des Petrus ist, dem bereits im Neuen Testament eine gewisse Sprecherrolle zukomme, die dann auch seinen Nachfolgern gebühre.

In Zuspitzung der politischen Situation kam es schließlich 1054 zum Bruch zwischen der lateinischen Westkirche unter der Führung des Papstes und der orthodoxen Kirche unter Führung des Oströmischen Kaisers, ein Bruch, der trotz mancher Einigungsbestrebungen bis heute fortbesteht, obwohl das allgemeine Klima entspannter und seit den 1960er Jahren stetig besser geworden ist, was einzelne Rückschläge jedoch nicht ausschließt.

Bei den Auseinandersetzungen zwischen der lateinischen Westkirche und den orthodoxen Kirchen spielten auch immer wieder dogmatische Fragen wie die des „filioque“ eine Rolle, doch lagen die Unterschiede mehr in den politischen Ereignissen und in den Frömmigkeitsstilen als in der Glaubenslehre im engeren Sinn. So bestand die römisch-katholische Kirche bis zum II. Vatikanischen Konzil (1962–1965) weitestgehend auf dem Latein als Kultsprache, während die orthodoxen Kirchen Griechisch und dann in den jeweiligen Nationalkirchen die entsprechenden Nationalsprachen verwendeten. Das hatte Folgen für die Frömmigkeitsstile und die Kultformen.

Als Fazit lässt sich daher sagen, dass das europäische Christentum seit fast 1000 Jahren aufgrund politischer Verhältnisse und unterschiedlicher Frömmigkeitsstile vielgestaltig erscheint und von einem zentralistisch konzipierten Kirchenmodell weit entfernt ist.

4. Das 3. Schisma: Katholische Kirche und Protestantismus in Westeuropa

Ein zentralistisch konzipiertes Kirchenmodell gibt es in der lateinischen Westkirche seit rund 500 Jahren nicht mehr. Die Forderungen nach Reform innerhalb der Kirche wurden im 16. Jahrhundert mit politischen Forderungen nach Unabhängigkeit von Kaiser und Papst verbunden und führten durch die Reformation zum Entstehen selbstständiger christlicher Kirchen und Gemeinschaften, dies vor allem in den germanischen Gebieten. Als Gegenreaktion entstand in Folge des Konzils von Trient (1545–1563) die römisch-katholische Kirche unter der Führung des Papstes, wie wir sie heute kennen, der eine Vielzahl von evangelischen (protestantischen) Kirchen und Religionsgemeinschaften gegenübersteht.

Zwei wesentliche Forderungen gaben für diese Entwicklung den Ausschlag: die Infragestellung des Auslegungsmonopols des Glaubens durch den Papst und die Infragestellung der Heilvermittlung durch das Priestertum.

Die Forderung, dass allein die Schrift (*sola scriptura*) ausschlaggebend sei, gab jedem Kirchenmitglied die Möglichkeit zur Überprüfung von Glaubensaussagen. Folglich lehnten die Reformatoren (Luther, Calvin, Zwingli u.a.) eine bindende Auslegung durch den römischen Papst ab und forderten, dass jede Glaubensentscheidung biblisch begründet werden müsse. Damit stellten sie die Amtsautorität in Frage und übertrugen – gewissermaßen „protodemokratisch" – die Entscheidungsbefugnis auf jede/n Gläubige/n.

In Anlehnung an den 1. Petrusbrief (2,5) des Neuen Testamentes wird durch die Reformatoren allen Gläubigen eine priesterliche Würde zugesprochen, die ein besonderes Priestertum zur Vermittlung der göttlichen Gnadengaben überflüssig macht. Allein der Glaube (*sola fides*) und die göttliche Gnade (*sola gratia*) genügen, um das ewige Heil (das Sein bei Gott) erlangen zu können. Auf eigene Werke kommt es ebenso wenig an wie auf die Vermittlung durch die Kirche. Demgegenüber betont die römisch-katholische Kirche die Weihevollmacht der Priester und die guten Taten als wichtige Merkmale des Christseins.

Allen Christen gemeinsam ist die Feier der großen Ereignisse des Lebens Jesu im Jahresverlauf, d.h. die Erinnerung an die Geburt Jesu (Weihnachten, Epiphanie), an sein Leiden und Sterben (Karwoche bzw. Karfreitag) und an seine Auferstehung (Ostern) und Himmelfahrt (40 Tage nach Ostern) sowie die Herabsendung des Heiligen Geistes (Pfingsten, 50 Tage nach Ostern). Wöchentlicher Höhepunkt der religiösen Praxis ist der Gemeindegottesdienst am Sonntag zur Erinnerung an den Tag der Auferstehung Jesu. Der Gottesdienst konzentriert sich einerseits auf die Lektüre der Heiligen Schrift und den Lobpreis Gottes (mit vielen Texten, die an den jüdischen Synagogengottesdienst erinnern), andererseits oft auf die Erinnerung an das Abendmahl, bei dem Jesus in der Nacht vor seinem Tod den Jüngern Brot und Wein als Zeichen für sein Fleisch und Blut reichte und sie ermahnte, dies zu seinem Gedenken (in Erinnerung an seinen Tod und die Erlösung der Menschen) zu tun. Was all dies konkret bedeutet, hat zu vielfältigen Auslegungen geführt, die zu den entscheidenden Lehrunterschieden zwischen den einzelnen Kirchen und christlichen Gemeinschaften gehören.

5. Christentum und Moderne

Die Probleme des Christentums betrafen in der Neuzeit nicht nur die innerchristlichen Auseinandersetzungen in West- und Mitteleuropa, sondern auch Konflikte mit der Wissenschaft, dem Atheismus und dem Humanismus.

Bezüglich des Verhältnisses von Wissenschaft und Christentum hat Freud die Sache auf den Punkt gebracht, wenn er schreibt: „Zwei große Kränkungen ihrer naiven Eigenliebe hat die Menschheit im Lauf der Zeiten von der Wissenschaft erdulden müssen. Die erste, als sie erfuhr, daß unsere Erde nicht der Mittelpunkt des Weltalls ist, sondern ein winziges Teilchen eines in seiner Größe kaum vorstellbaren Weltsystems. Sie knüpft sich für uns an den Namen Kopernikus, obwohl schon die alexandrinische Wissenschaft ähnliches verkündet hatte. Die zweite dann, als die biologische Forschung das angebliche Schöpfungsvorrecht des Menschen zunichte machte, ihn auf die Abstammung aus dem Tierreich und die Unvertilgbarkeit seiner animalischen Natur verwies. Diese Umwertung hat sich in unseren Tagen unter dem Einfluß von Ch. Darwin, Wallace und ihren Vorgängern nicht ohne das heftigste Sträuben der Zeitgenossen vollzogen. Die dritte und empfindlichste Kränkung aber soll die menschliche Größensucht durch die heutige psychologische Forschung erfahren, welche dem Ich nachweisen will, daß es nicht einmal Herr ist im eigenen Hause, sondern auf kärgliche Nachrichten angewiesen bleibt von dem, was unbewußt in seinem Seelenleben vorgeht. Auch diese Mahnung zur Einkehr haben wir Psychoanalytiker nicht zuerst und nicht als die einzigen vorgetragen, aber es scheint uns beschieden, sie am eindringlichsten zu vertreten und durch Erfahrungsmaterial, das jedem einzelnen nahegeht, zu erhärten. Daher die allgemeine Auflehung gegen unsere Wissenschaft, die Versäumnis aller Rücksichten akademischer Urbanität und die Entfesselung der Opposition von allen Zügeln unparteiischer Logik“[41].

Neben der Auseinandersetzung mit der modernen Wissenschaft, vornehmlich im Bereich der Naturwissenschaft und der Psychologie, besteht als weiterer Konfliktbereich die Herausforderung durch den Atheismus, der im 19. Jahrhundert vor allem durch die Formel „Gott ist tot“ gekennzeichnet ist und in der 2. Hälfte des 20. Jahrhunderts weniger theoretisch als vielmehr höchst pragmatisch durch ein Leben ohne jeglichen Transzendenzbezug bestimmt ist. Zum ersten Mal in der Geschichte der Menschheit scheint es in größerem Umfang Menschen in Europa zu geben, für die das Dasein in einer solchen innerweltlichen Geschlossenheit erlebt wird, dass sich die Frage nach Gott oder einem Leben nach dem Tod gar nicht mehr stellt. Das Christentum hat darauf oft so reagiert, dass es den Akzent von der Theologie, der Rede von Gott, auf die Anthropologie, die Lehre vom Menschen, verlegt hat. Als Begründung dafür gilt, dass Gott in Jesus Christus Mensch geworden ist und folglich an Jesu Beispiel ablesbar ist, wie mitmenschlich Gott sich verhält.

Die Mit-Menschlichkeit Gottes ist folglich der Maßstab für das richtige Verhalten des Menschen. Gerade diese Mitmenschlichkeit aber – so wenden die Humanisten gegen das Christentum ein – ist in der Geschichte des Christentums oft auf der Strecke geblieben. Sie erinnern dabei an die Kreuzzüge, die Inquisition, die Hexenprozesse, die Rolle mancher christlicher Kirchen während der Ko-

---

[41] Sigmund Freud: Studienausgabe Bd 1: Vorlesungen zur Einführung in die Psychoanalyse Und Neue Folge, Frankfurt/M [12]1994, S. 283f, d.i. III. Teil: Allgemeine Neurosenlehre, 18. Die Fixierung an das Trauma, das Unbewußte.

lonialzeit, im Sklavenhandel und in der Apartheid sowie an manch andere unmenschliche Verhaltensweise von Christen, die im Namen des „wahren Glaubens“ Andersdenkende verfolgten, folterten und ermordeten. Die Humanisten stellen diesem Verhalten ihr Ideal eines wahrhaft menschlichen Umgangs mit anderen Menschen gegenüber. Sie unterschlagen dabei nicht selten, dass es auch andere christliche Verhaltensweisen als die von ihnen gebrandmarkten zu all diesen Zeiten gegeben hat. Zudem hat auch die Aufklärung Auschwitz nicht verhindert, so dass Unmenschliches auf beiden Seiten – der der Atheisten wie der an Christus Glaubenden – geschehen ist. Dietrich Bonhoeffer (1945 hingerichtet) hat diesbezüglich in seinem Gedicht „Christen und Heiden“[42] Bilanz gezogen und geschrieben:

1. Menschen gehen zu Gott in ihrer Not,
   flehen um Hilfe, bitten um Glück und Brot,
   um Errettung aus Krankheit, Schuld und Tod.
   So tun sie alle, alle, Christen und Heiden.

2. Menschen gehen zu Gott in Seiner Not,
   finden ihn arm, geschmäht, ohne Obdach und Brot,
   sehn ihn verschlungen von Sünde, Schwachheit und Tod.
   Christen stehen bei Gott in Seinen Leiden.

3. Gott geht zu allen Menschen in ihrer Not,
   sättigt den Leib und die Seele mit Seinem Brot,
   stirbt für Christen und Heiden den Kreuzestod,
   und vergibt ihnen beiden.

Manichäismus

Die auf Mani (216–276 oder 277) zurückgehende und nach ihm benannte Religion des Manichäismus ist die einzige Weltreligion der bisherigen Geschichte, die historisch als Religion untergegangen ist und zwar zunächst im Vorderen Orient, in Nordafrika und Europa im 4. und 5. Jahrhundert, in Zentralasien zwischen dem 11. und dem 14. Jahrhundert und in Ostasien (China) spätestens im 16. Jahrhundert. Während der Untergang im Römischen Reich und in Zentralasien politische Gründe hatte, ist er im ostasiatischen Bereich durch eine immer stärkere Angleichung an den Buddhismus bedingt gewesen, so dass das Profil des Manichäismus als eigenständige Religion allmählich verloren gegangen ist. Die

[42] Dietrich Bonhoeffer: Widerstand und Ergebung. Briefe und Aufzeichnungen aus der Haft, hrsg. von Eberhard Bethge, München 1966, © by Gütersloher Verlagshaus, Gütersloh, in der Verlagsgruppe Random House GmbH, München.

Angleichung an den Buddhismus markiert einen Zug des Manichäismus, der für die gesamte Religion charakteristisch ist, nämlich ihre Fähigkeit, sich kulturell an den jeweiligen Kontext so sehr anzupassen, dass die Forschung über lange Zeit im Unklaren darüber war, aus welchem Milieu der Religionsstifter Mani überhaupt kam, ob er eher aus dem buddhistisch oder aus dem christlich geprägten Kulturraum hervorgegangen ist. Klarheit brachte erst der 1970 bekannt gewordene „Kölner Mani-Kodex“, aus dem eindeutig hervorgeht, dass Mani aus Südmesopotamien kam, sein Vater entstammte dem parthischen Adel, seine Mutter war eventuell Christin oder Jüdin, und er selbst hat vom 4. bis zum 24. Lebensjahr in der christlichen Täufersekte der Elkasaiten gelebt. Danach verlässt er diese Gemeinde, zieht gen Osten und verkündet eine eigene Lehre dualistischen Typs. Es gelingt ihm recht bald, Anhänger und schließlich auch politisch Anerkennung zu finden. Rasch wächst seine Gemeinde und geht auch nicht unter, als er selbst in Ungnade fällt und schließlich in der Gefangenschaft stirbt.

Mani war davon überzeugt, ein Prophet zu sein, und er reihte sich nach einer islamischen Quelle in die Reihe der Propheten ein, betrachtete Jesus, aber auch Buddha als seine Vorläufer und verkündete, alle Propheten hätten dieselbe Botschaft gebracht, nur ihre Anhänger hätten sie jeweils verfälscht und so weitergegeben, so dass weitere Propheten notwendig waren, um an die ursprüngliche Botschaft zu erinnern und den Menschen die wahre Lehre zu verkünden. Durch sein eigenes Auftreten sei nun damit ein Schlusspunkt gesetzt, weil er – im Unterschied zu allen voraufgehenden Propheten – diese Botschaft sofort selbst aufschreiben und dadurch vor erneuter Verfälschung bewahren könne. Mit Blick auf die christliche Botschaft deutete er zudem die Stelle im Johannes-Evangelium (14,16.26), dass Gott den Tröster (Parakleten) senden und er die Jünger in alle Wahrheit einführen wird, auf sich, was bekanntlich später der Islam übernehmen und auf den Propheten Mohammed anwenden wird. Es ist von daher nicht verwunderlich, dass die ehemals manichäischen Gebiete Zentralasiens nach dem Untergang dieser Religion sehr rasch islamisch geworden sind.

„Licht als das Gute und Finsternis als das Böse prägen als zwei unvereinbare Prinzipien die Weltdeutung des Manichäismus, wobei das gegenseitige Verhältnis der beiden Prinzipien jeweils unterschiedlich ist. Gab es dereinst eine erste Zeit, in der beide Prinzipien voneinander getrennt existierten, so kam es darauf zur Vermischung und zu dem daraus folgenden Kampf beider, der bislang fortdauert und in der letzten (= dritten) Zeit durch die Überwindung der Finsternis durch das Licht und die erneute Trennung der Prinzipien beendet wird. Die Grundstruktur der Glaubenslehre wird nicht nur im Schöpfungs- und Weltuntergangsmythos, sondern auch in der Entstehung des Menschengeschlechts und der individuellen Erlösung mehrfach entfaltet. Das mehrsprachige und reichhaltige manichäische Schrifttum hält diese Lehrtradition in unterschiedlicher Akzentuierung fest und das gemeinschaftliche und individuelle religiöse Verhalten setzt diese Lehren zum alltäglichen Leben in Bezug."[43]

Die manichäische Religionsgemeinschaft war streng hierarchisch gegliedert (der Archegos als Kirchenführer, darunter 12 Lehrer, 72 Bischöfe und 360 Priester), sie war zudem unterteilt in die Laien („Hörer“) und die Priester (*electi* = „Erwählte“). Wöchentlicher Höhepunkt war die Feier am Montag, bei der es darum ging, Sünden als Schädigung der göttlichen Lichtelemente in der Materie zu vermeiden und das Licht aus der Gefangenschaft in der Materie zu befreien. Kultischer Höhepunkt des Jahres war das Bemafest mit seinem Sündenbekenntnis, dem gemeinsamen Mahl und der Erinnerung an den Tod Manis. In der Ethik ging es darum, alles die Lichtelemente Schädigende zu meiden. Strenge Speise- und Fastenregeln (gefastet wird einen ganzen Monat lang ungefähr während unseres Monats Februar) waren einzuhalten, auch im Bereich der Sexualität waren detaillierte Anweisungen zu befolgen. Bei allem ging es darum, den in jedem Menschen schlummernden Lichtfunken aus seinem Schlaf zu wecken und ins Reich des Lichts zurückzuführen, zum „Vater des Lichts“, dem höchsten Gut, von dem alles seinen Anfang nimmt.

Das manichäische Gedankengut ist mit dem Manichäismus nicht untergegangen. In unterschiedlicher Form ist es in Europa im Mittelalter und in der Neuzeit wieder aufgetaucht und hat das Denken der Bogomilen, Paulikianer oder Katharer ebenso geprägt wie manche esoterische Richtung bis hinein ins New Age. Im Islam findet sich ebenfalls manch manichäische Denkweise wieder, z.B. in der Prophetologie oder der Deutung des Parakleten-Zitates auf Mohammed. Die Angleichung manichäischer Vorstellungen an den Buddhismus hat bewirkt, dass das Manichäische und das Buddhistische eine derart enge Verbindung eingegangen sind, dass sich die einzelnen Denktraditionen nicht mehr identifizierbar von einander trennen lassen.

Islam

Der Islam ist heute nach dem Christentum die zahlenmäßig größte Religion mit mehr als einer Milliarde Anhängern weltweit. Seine Hauptverbreitungsgebiete liegen auf einem breiten Saharagürtel und reichen von Marokko über Nordafrika und Vorder- sowie Zentralasien, den indo-pakistanischen Kontinent bis nach Indonesien. Hinzu kommen mehrere Länder Afrikas südlich der Sahara, die Türkei sowie einige ehemalige sowjetische Republiken Zentralasiens. Muslime gibt es – vor allem durch Arbeitsmigration – in West-, Mittel- und Nordeuropa, aber auch in den USA und Kanada.

[43] Handbuch Religionswissenschaft, S. 238.

Der Islam ist unter den großen Weltreligionen die einzige, die historisch nach dem Christentum entstanden ist und – im Unterschied zu dem ebenfalls nach dem Christentum entstandenen Manichäismus – bis heute existiert. Er sieht sich selbst als in der Tradition der biblischen Offenbarung stehend. Die Reihe der Propheten beginnt mit Adam, führt dann zu Noah, Abraham, Moses, Jesus, um nur die wichtigsten zu nennen, und endet mit Mohammed als 25. Propheten, der die Reihe endgültig abschließt bzw. „besiegelt", er wird daher „Siegel der Propheten" genannt.

1. Mohammed und der Koran

Mohammed wurde um 570 in Mekka im heutigen Saudi-Arabien geboren und wuchs zunächst als Halbwaise und vom 7. Lebensjahr an als Vollwaise auf. Er stammte aus der Sippe der Haschemiten im Stamm der Koreisch, die damals weitgehend Mekka beherrschten. Er erlernte den Beruf eines Kaufmannes und arbeitete für die 15 Jahre ältere Kaufmannswitwe Khadidja, die ihn heiratete, als er 25 Jahre alt. Aus der Ehe stammten mehrere Kinder, von denen nur vier Töchter – u.a. Fatima – die Kindheit überlebten. Vermutlich unternahm Mohammed aus beruflichen Gründen einige Reisen, von denen – der Legende nach – eine ihn sogar bis nach Syrien geführt haben soll. Als Enddreißiger soll sich Mohammed immer häufiger aus dem öffentlichen Leben zurückgezogen und in einer Höhle in der Nähe von Mekka ausgiebig meditiert haben. Dort erschien ihm dann ein Engel (Gabriel) und bewirkte, dass Mohammed seine Berufung zum Propheten erkannte. Bestärkt von seiner Frau Khadidja, trat Mohammed schließlich im Alter von etwa vierzig Jahren als Prophet in seiner Heimatstadt Mekka öffentlich auf.

Was Mohammed im Auftrag Gottes in Mekka verkündet hat, ist im Koran in mehreren Textabschnitten (Suren) gesammelt und in der arabischen Textausgabe wie in manch deutscher Übersetzung als „mekkanische Suren" gekennzeichnet. Die Botschaft hat im Wesentlichen zwei Grundaussagen: „Es gibt keine Gottheit außer Gott (Allah)" und „der Mensch ist für sein Tun über den Tod hinaus verantwortlich".

Die Aussage „es gibt keine Gottheit außer Gott", zugleich der erste Teil des Glaubensbekenntnisses (Shahada), das zu den sog. „fünf Säulen" des Islam gehört, richtet sich gegen jede Form von Vielgötterei (Polytheismus) und betont kompromisslos den Glauben an den einen und einzigen Gott (Monotheismus), wie es etymologisch bereits das Wort Allah andeutet, das als kontrahierte Form von al-Ilah = der Gott im Sinn von „der einzige Gott" gedeutet wird. Schon früh sah man darin auch eine Ablehnung der christlichen Trinität, die allerdings meist als Dreigötterglaube (Tritheismus, möglicherweise bestehend aus Gott, Maria und Jesus) missverstanden wurde. Heute wird die Shahada-Formel auch als Zurückweisung des Atheismus verstanden, so dass als Fazit ein kompromissloser

Monotheismus als Inbegriff des islamischen Gottesglaubens übrigbleibt. Die Frage liegt daher nahe, gegen wen sich dieses monotheistische Bekenntnis in Mekka konkret gerichtet hat. Die Antwort scheint zu sein, dass damals die mekkanische Bevölkerung der Vielgötterei huldigte, was nicht erklärt, weshalb so viele Passagen des Koran sich mit Juden und Christen und deren Vorstellungen beschäftigen. Sicher ist, dass ein Verwandter von Mohammed Christ geworden war, wahrscheinlich ist, dass es in Mekka und Umgebung Juden und Christen gegeben hat. Sicher ist auch, dass Mekka damals nicht nur ein wichtiger Handelsplatz, sondern ebenso ein Wallfahrtszentrum mit zahlreichen Heiligtümern war, von denen die Kaaba das bekannteste war und als einziges vorislamisches Heiligtum in den Islam übernommen wurde. Die Umsetzung der Verkündigung eines strikten Monotheismus durch Mohammed musste somit notwendigerweise die wirtschaftlichen Gewinne aus dem Geschäft mit den Heiligtümern tangieren, was den Widerstand der Mekkaner gegen die Annahme der durch Mohammed vorgetragenen Botschaft verständlich macht.

Die Verantwortung des Menschen für die eigenen Taten über den Tod hinaus und damit verbunden der Glaube an eine Auferstehung der Toten und an ein Endgericht, von dessen Ausgang es abhing, ob man in die Hölle oder ins Paradies kommen würde, erschien den Mekkanern völlig unglaubwürdig. Sie mokierten sich darüber sehr. Für sie galt: Gut ist, was dem Stamm nützt, schlecht ist, was ihm schadet. Allgemein gültige Gebote und Verbote waren ihnen fremd, und der Gedanke an eine Vergeltung am Ende der Zeiten erschien ihnen völlig abwegig. Auch in diesem Punkt war wenig Bereitschaft für die Annahme der Botschaft vorhanden. Für die meisten Mekkaner war Religion etwas, was sich im Diesseits auszahlte oder nicht, d.h. Göttern wurde geopfert, damit sie Schutz und Hilfe gewähren. Taten sie es nicht, kümmerte man sich weiter nicht mehr um sie.

Das monotheistische Bekenntnis und der Glaube an die individuelle Verantwortung für das Tun waren wohl die entscheidenden Gründe, weshalb Mohammed nicht viele Anhänger in Mekka gewinnen konnte, ja sich im Lauf der Zeit – vor allem nach dem Tod Khadidjas und einem Wechsel in der politischen Führung Mekkas 619 – die Lage so sehr zuspitzte, dass es zu einem echten Konflikt hätte kommen können, hätte es nicht eine Entwicklung gegeben, die eine völlig neue Situation schuf. Mohammed erhielt nämlich ein Angebot aus Yathrib, einer anderen im heutigen Saudi-Arabien gelegenen und besser unter dem Namen Medina bekannten Stadt. Dort sollte er als Vermittler und Schiedsrichter tätig werden. Mindestens ein Jahr wurde über die Auswanderungsbedingungen verhandelt und schließlich ein Vertrag geschlossen, der in der Mohammed-Biographie des Ibn Ishak überliefert ist und als echt gilt. Dieser Vertrag, der als „Verfassung von Medina" bekannt geworden ist, regelt, dass alle sog. „heidnischen Stämme" in Medina nicht mehr die Blutsbande als das eigentlich Verbindende ansehen, sondern dass der gemeinsame islamische Glaube an deren Stelle tritt. Zugleich wird den jüdischen Stämmen, die in Medina ansässig sind, ein besonderer Status zuerkannt, der zum Modell für alle später im islamischen Reich lebenden geduldeten Religionsgemeinschaften wird. Die Tatsache, dass mindestens ein Jahr lang über diese Auswanderung verhandelt wurde, zeigt, dass es sich dabei nicht um eine Flucht im Sinn einer Nacht-und-Nebel-Aktion, sondern um ein bestkalkuliertes Auswanderungskonzept handelt, das als „Hidjra" in die Geschichte eingegangen ist, im Jahr 622 stattgefunden hat und zugleich den Beginn der islamischen Zeitrechnung markiert.

Auf die mekkanische Phase der Verkündigung (ca. 610–622) folgt nun die medinensische Phase bis zum Tod Mohammeds im Jahr 632. Die Textabschnitte des Koran, die diese Zeit betreffen, die sog. „medinensischen Suren", sind im Stil und Inhalt deutlich anders als die der mekkanischen Zeit. Es geht darum, das Zusammenleben in Medina zu regeln und zu sagen, wie Fehlverhalten sanktioniert wird. Dementsprechend finden sich in den medinensischen Suren nicht nur Aussagen über Gott und die allgemeine Moral im Sinn der Zehn Gebote, sondern auch konkrete Vorschriften zum Grüßen und Betreten der Häuser ebenso wie die Zusicherung, dass Frauen erbberechtigt sind und als Zeuginnen vor Gericht auftreten dürfen, wenn auch in beiden Fällen ihr Anteil nur die Hälfte dessen eines Mannes beträgt. Zudem werden drastische Strafen für Misstäter angekündigt wie Handabhacken bei Diebstahl und Auspeitschen bei Ehebruch. Der Tendenz nach wird damit angedeutet, dass alle Bereiche des menschlichen Tuns Gottes Weisung unterliegen. Im Fall widersprüchlicher Anweisungen ist es wie beim Testament, die letzte Fassung gilt, die voraufgehenden Fassungen werden dadurch ungültig, d.h. abrogiert. Hierin liegt der Grund, weshalb die Muslime recht bald mit einer Art historischer Koranforschung begannen und zwischen mekkanischen und medinensischen Suren unterschieden, was ausreichte, um die Abrogationsproblematik zu lösen. Weitergehende historisch-kritische Studien zum Koran unterblieben, sie sind heute sogar verpönt und werden als Einmischung von Außen (gemeint ist: durch christliche Exegeten) weitestgehend abgelehnt.

Die mekkanischen ergeben zusammen mit den medinensischen Suren einen Gesamtumfang von 114 Suren, die im heute vorliegenden Koran – mit Ausnahme der kurzen Eröffnungssure (*al-Fatiha*) – nach abnehmender Länge geordnet sind, so dass allein die zweite Sure ungefähr ein Drittel des gesamten Korantextes ausmacht, während die letzten jeweils nur wenige Verse umfassen. Für alle Suren gilt, dass sie nach dem Glauben der Muslime in ihrer arabischen Sprachform von Gott allein verfasst sind, von Mohammed dagegen nur vorgetragen wurden. Zur Textfassung des Koran hat demnach Mohammed nichts beigetragen. Deshalb lehnen die Islamgläubigen es ab, Mohammedaner genannt zu werden, sie bestehen darauf, als Muslime bzw. Moslems, d.h. Anhänger des Islam, bezeichnet zu werden. Der Koran ist für sie nicht nur ein Buch zur Hinführung zum rechten Glauben und Gott wohlgefälligem Tun, sondern in gleicher Weise ist seine Lektüre ein ästhetischer Genuss aufgrund des göttlich schönen Arabisch, von dem der Koran selbst behauptet, dass kein Mensch zu einer derart schönen

Sprache fähig sei (vgl. Koran 17, 88[90]), weshalb der Koran als „Sprachwunder“ ersten Ranges gilt.

Die Schönheit der koranischen Sprache und der Reichtum an Aussagen zu allen Lebensbereichen können nicht darüber hinwegtäuschen, dass das menschliche Tun im Koran eher exemplarisch als systematisch behandelt wird. Schon bald nach dem Tod Mohammeds zeigte sich, dass hier ein Problem liegt, weil das sich rasch ausbreitende Reich, das in der medinensischen Phase bereits große Teile der Arabischen Halbinsel – einschließlich Mekkas – unter die Herrschaft der Muslime brachte und 100 Jahre später von Spanien bis an die Grenzen Indiens reichte, vielerlei Fragen aufwarf, die es zu beantworten galt, ohne dass der Koran darauf eine Antwort geben konnte. Die Folge war in diesem wie in anderen Punkten, dass verschiedene Auslegungsrichtungen entstanden, die teilweise bis heute relevant sind.

2. Richtungen innerhalb des klassischen Islam

Als Mohammed starb, waren keinerlei Vorkehrungen für die Zeit nach ihm getroffen. Dies wurde in dreierlei Hinsicht zum Problem: für die konkreten Verhaltensvorschriften, für die Nachfolge bei der Leitung des islamischen Staates (*umma*) und für die theologischen Probleme.

Für die konkreten Verhaltensvorschriften erwiesen sich die Anweisungen im Koran als nicht ausreichend, um ein System zu entwickeln, aus dem dann die Antworten für alle weiteren auftretenden Fragen abgeleitet werden konnten. Zusätzliche Rechtsquellen waren vonnöten, um dieses Problem zu lösen. So sammelte man Aussprüche (arab.: *hadith*) des Propheten, die er gewissermaßen als „Privatmann“ gemacht hatte, sowie Berichte über seine Verhaltensgewohnheiten (arab.: *sunna*) bei bestimmten Anlässen. Hadith und Sunna traten somit bald als weitere Rechtsquellen neben den Koran, doch war auch dieses Reservoir relativ rasch erschöpft, so dass neue Rechtsquellen hinzukamen: der Gelehrtenkonsens (arab.: *idjma'*) und der Analogieschluss (arab.: *kiyas*). Zudem rekurrierte man auf vorislamische Rechtspraktiken und Verhaltenskodices, so dass das daraus entwickelte Rechtssystem koranische und nichtkoranische, islamische und vor- bzw. außerislamische Elemente enthält. Mehrere Entwürfe wurden diesbezüglich diskutiert, von denen bis heute vier als gültige Rechtsschulen unter den Sunniten fortbestehen: von der recht konservativen hanbalitischen (Gründer: Ibn Hanbal, 780–855) über die hanafitische (Gründer: Abu Hanifa, 699–767) und malikitische (Gründer: Malik, um 715–795) bis zur liberalsten, der schafiitischen (Gründer: al-Shafi'i, gest. 820) Rechtsschule. Manche fügen noch eine fünfte, die schiitische Rechtsschule, hinzu. Die vier erwähnten sunnitischen Rechtsschulen haben sich durch die Jahrhunderte sehr bewährt und sich als recht flexibel erwiesen, so dass keine grundlegenden Veränderungen des Systems notwendig gewesen sind und das Prinzip vom „Schließen des Tores der Forschung“ bis in die neueste Zeit hinein unangefochten Geltung gehabt hat. Durch Grundsatzurteile (arab.: *fatwa*) wurden neu auftretende Fragen wie etwa die Zulässigkeit des Genusses von Pepsi Cola oder die Verwendung eines Lautsprechers für den Gebetsruf entschieden. Die dafür zuständige Instanz war traditionell der Kalif und ist seit dessen Abschaffung 1924 nun regional der Mufti, während der an theologischen Hochschulen ausgebildete Kadi für die Alltagsjustiz als Richter zuständig ist.

Die Frage der Nachfolge in der Leitung des islamischen Staates (*umma*) führte zu einer inneren Spaltung der Muslime, die bis heute besteht: in eine Mehrheit (Sunniten) und eine Minderheit (Schiiten, etwa 10 Prozent der Muslime), nicht zu vergessen eine kleine Gruppe von Emigranten (Kharidjiten), die der Gemeinschaft der Muslime von 660 an den Rücken kehrten, heute aber keine Relevanz mehr besitzen. Die Frage war, ob der Nachfolger (arab.: *Khalifa*, eingedeutscht: Kalif) aus der Familie Mohammeds kommen muss oder ob es reicht, dass er aus dem Stamm des Propheten kommt. Vor allem die Anhänger Alis, des Ehemanns von Mohammeds Tochter Fatima, setzten sich für die Nachfolge in direkter Linie innerhalb der Familie des Propheten ein und bildeten die „Partei Alis" (arab.: *Shi'a Ali*, daher die Bezeichnung: Schiiten). Sie fanden sich nach Alis Tod (661) nicht mit der erblichen Nachfolge der Umaiyaden-Dynastie ab, sondern traten für Alis Söhne, zunächst Hasan (625–669) und dann Husein (gest. 680), als Kalifen ein. Aus Prinzip haben diese „Schiiten" später die Legitimität aller unmittelbaren Nachfolger (Kalifen) bestritten: Abu Bakr (632–634), Umar (634–644) und Uthman (644–656). Nur Alis Kalifat (656–661) gilt ihnen unter den „vier rechtgeleiteten Kalifen" als legitim. Ganz eindeutig illegitim sind dann in der Sicht der Schiiten die Kalifen der Dynastien der Umaiyaden (661–750) mit Sitz in Damaskus, der Abbasiden (750–1258) mit Sitz in Bagdad und später der Osmanen (bis 1924) nach der Eroberung von Konstantinopel mit Sitz in Istanbul, der türkischen Bezeichnung für Konstantinopel.

Der Konflikt zwischen Sunniten und Schiiten hat auch theologische Seiten. So etwa vertreten die Schiiten die Auffassung, dass die göttliche Inspiration nicht auf Mohammed beschränkt bleibt, sondern auch ihr religiöser Führer (*Imam*) eine besondere Erleuchtung durch Gott erfährt, die ihn befähigt, in einzelnen Fragen koranische Anweisungen durch neue zu ersetzen, d.h. zu abrogieren. Zudem betonen sie stark die menschliche Handlungsfreiheit, die Gott so sehr respektiert, dass manches, was er gerne hätte, nicht eintritt. Damit erklären sie, weshalb keiner der Imame – von Ali einmal abgesehen – es je geschafft hat, die Leitung der Umma, d.h. des islamischen Staates, also das Kalifat, innezuhaben. Trotz interner Spaltungen in „Fünferschiiten" (Zaiditen), „Siebenerschiiten" (Ismailiten) und „Zwölferschiiten" (Imamiten) konnten sie sich bis heute behaupten und dies vornehmlich dort, wo die Zentralmacht des Kalifen schwach war: in Randgebieten oder in unzugänglichen Gebirgsgegenden, bisweilen auch bei schwacher Führung im Zentrum der Macht. Auf diese Weise entstand manch unabhängige schiitische Herrschaft (z.B. die ismailitischen Fatimiden in Ägypten [973–1071] oder von 1502 an die zwölferschiitische Herrschaft in Iran). Die Schiiten rekrutierten dabei ihre Anhänger nicht nur unter den bereits schiitischen Familien, sondern nahmen bereitwillig auch die auf, die im sunnitischen Islam Probleme hatten und verfolgt wurden, so dass die Schiiten zeitweise eine Art Oppositionsbewegung innerhalb des offiziellen Islam darstellten. Dem kam positiv zu Hilfe, dass sie bei Verfolgungen um des Glaubens willen die Pflicht hatten, ihren Glauben zu verleugnen, sofern sie ihn im Herzen bewahrten (arab.: *takiyya*, pers.: *ketman*). Diese Verpflichtung ließ sie in den Augen der Sunniten als suspekt erscheinen. Daher misstrauten die Sunniten den Schiiten immer wieder und hatten bisweilen auch Grund dazu, weil bei nicht wenigen Putschen (z.B. bei der Ablösung der Umaiyaden durch die Abbasiden im Jahr 750) die Schiiten einen nicht unwesentlichen Anteil hatten.

Theologische Probleme gab es vor allem hinsichtlich der Bestimmung des Verhältnisses von Gottes Allmacht und der menschlichen Willensfreiheit. Der Koran ist in dieser Frage noch unentschieden. Einerseits betont er, dass „Gott euch, und was ihr macht, geschaffen hat“ (Koran 37, 96[94]), Gott ist somit „der Schöpfer von allem“ (Koran 40, 62[64]). Andererseits finden sich immer wieder Aufforderungen, das Gute zu tun und das Böse zu lassen, denn beim allgemeinen Gericht am Ende der Zeiten wird jedes „Stäubchen an Gutem“ und jedes „Stäubchen an Bösem“ (vgl. Koran 99, 7f) auf die Waagschale gelegt und über das ewige Schicksal eines jeden Menschen mit entscheiden, wobei Gott auch Gnade vor Recht ergehen lassen kann. Die Theologen des Islam haben aufgrund dieser unentschiedenen Situation im Koran unterschiedliche Positionen entwickelt. Einige sprachen sich für eine totale Allmacht Gottes aus, derzufolge Gott wirklich alles macht. Sie vertraten dementsprechend hinsichtlich des ewigen Schicksals des Menschen eine Vorherbestimmung durch Gott (Prädestination[44]). Andere betonten die menschliche Willensfreiheit, weil sonst Gott nicht gerecht wäre (z.B. die Schule der Mu'taziliten). Eine Art Kompromiss vertritt die Schule des Ash'ari (um 870–935), die bis heute die vorherrschende Schule des sunnitischen Islam geblieben ist. Danach ist Gott allmächtig und macht alles insofern, als niemand ohne Gottes Unterstützung in der Lage ist, irgendetwas zu vollbringen; doch übernimmt der Mensch allein die Verantwortung für die moralische Bewertung der Taten, indem er sie sich aneignet (arab.: *kasb* bzw. *iktisab*). Dass sie allerdings verwirklicht werden können, ist ohne Gottes Zutun nicht möglich. Das bedeutet konkret, dass z.B. jemand einen anderen Menschen nur umbringen kann, wenn er auf dem Weg zu ihm weder stürzt noch einen Schwächeanfall erleidet, was Gott leicht geschehen lassen könnte. Dennoch trifft Gott keine Schuld, weil die Absicht und Verwirklichung der Tat allein in des Menschen

---

44 Das arabische Wort dafür ist „kadar“, weshalb manchmal die islamischen Texte die Verfechter der Prädestinationslehre, manchmal aber auch deren Gegner, „Kadariten“ nennen.

Verantwortung liegen, allerdings ohne Gottes Zutun nichts geschieht. Das Beispiel zeigt, wie subtil der Kompromiss zwischen Gottes Allmacht und menschlicher Willensfreiheit ist. Dadurch wird auch verständlich, weshalb immer wieder einzelne Richtungen einmal die eine und ein anderes Mal die andere Seite so stark betont haben, dass Einseitigkeiten entstanden. Grundsätzlich gilt, dass der Islam Gottes Machtposition auf jeden Fall uneingeschränkt verteidigt. Er ist der Herr, der Himmel und Erde erschaffen hat, der die Geschicke der Welt und der Menschen leitet und am Ende der Zeiten als Richter aktiv ist. Er steht über allem, nichts kann seine Macht begrenzen, er ist in diesem Sinn der „Schöpfer von allem". Andererseits ist der Mensch keine Marionette eines himmlischen Puppenspielers, sondern voll für seine Taten verantwortlich. Mann und Frau haben vor Gott gleiche Pflichten: das Bekenntnis zum einen Gott und Mohammed als seinem Gesandten (Propheten), das fünfmalige tägliche Gebet, das Fasten im Fastenmonat Ramadan, die Pflichtabgabe (*zakat*) als Solidaritätsbeitrag für die Armen und, wenn sich die Möglichkeit dafür bietet, einmal im Leben während des Wallfahrtsmonats die Wallfahrt nach Mekka mit Umkreisen der Kaaba und manch anderen präzise festgelegten Riten. Im Gemeindegebet am Freitag Mittag in der Moschee dagegen vertritt gewöhnlich der Mann die Familie, während die Frauen entweder zu Hause oder in abgetrennten Räumen (z.B. Emporen oder Seitenschiffe bzw. im hinteren Teil der Moschee speziell für Frauen reservierte Zonen) beten. Diese Trennung zwischen Männern und Frauen in der Moschee hat ihr Vorbild in der klassischen Synagoge, wo ähnliche Sitten bestanden und teilweise bis heute noch bestehen. Nicht zu vergessen ist, dass bis in die jüngste Vergangenheit hinein auch in den christlichen Kirchen zwischen Männer- und Frauenseiten unterschieden wurde.

Die Betonung der menschlichen Handlungsfreiheit findet sich vor allem in der schiitischen Theologie. Sie erklärt damit, weshalb mit Ausnahme von Ali kein anderer Führer der Schiiten Kalif geworden ist. Auch die Existenz des Teufels, der ursprünglich als Engel von Gott erschaffen war, geht auf eine Befehlsverweigerung dieses Engels und seiner Gesinnungsgenossen gegenüber einer göttlichen Anweisung zurück. Allerdings sind dem Teufel und seinen Mitteufeln deutliche Aktionsgrenzen gesetzt. Sie dürfen nur so weit aktiv werden, wie es Gott ihnen gestattet.

Alle bisherigen Ausführungen zeigen, dass der Islam alles andere als ein monolithischer Block ist. Von Anfang an gab es zahlreiche unterschiedliche Auslegungen und daraus abgeleitet verschiedene Richtungen und Schulen. Trotz des Bezugs auf ein und denselben Korantext als Grundlage für die Gemeinschaft gibt es verschiedene Lesarten und Verstehensweisen für die Umsetzung in die Praxis wie für die Auslegung der Glaubensaussagen. Sitten, Gebräuche und Gewohnheiten geben dem Ganzen vielfach sehr regionale Züge. So ist etwa in Oberägypten und manchem ostafrikanischen Land südlich der Sahara die Beschneidung von Mädchen üblich, ja es finden sich sogar theologische Rechtfertigungen dieses grausamen Rituals, das ansonsten im Islam strikt abgelehnt wird, während die Beschneidung von Jungen unter Muslimen allgemein üblich ist, obwohl sie nirgends im Koran vorgeschrieben ist. Auch die Verschleierung der Frau ist vielfach Sitte und dabei oft mit regional sehr unterschiedlichen Ausprägungen, ohne dass der Koran in dieser Frage eindeutige Anweisungen enthält und die diesbezüglichen Verse auch unter Muslimen hinsichtlich ihrer Aussage umstritten sind. Besonders durch die Auseinandersetzungen mit der Moderne sind neue Interpretationen unter den Muslimen diskutiert worden und haben zu neuen Versuchen geführt, die Religion des Islam unter den Rahmenbedingungen der Moderne auszulegen.

3. Der Islam heute

Der Einbruch der Moderne begann in der islamischen Welt symbolisch 1798 mit der Expedition Napoleons nach Ägypten, de facto mit Sicherheit in der ersten Hälfte des 19. Jahrhunderts mit der Besetzung Nordafrikas durch die Franzosen, der Golfregion und Indiens durch die Briten. Hinzu kommen russische und deutsche Kolonialinteressen, die Gebiete mit islamischer Bevölkerungsmehrheit berührten. Den Militärs der betroffenen Regionen wurde dabei rasch klar, dass die Niederlagen, die die islamischen Truppen erlitten, ihren Grund in der technologischen Überlegenheit des „Westens" hatten und daher nicht durch Siege in späteren Schlachten wettgemacht werden konnten. Somit war es das Gebot der Stunde, bei den Europäern in die Schule zu gehen, wenn man sie mit ihren eigenen Waffen schlagen wollte. Deshalb wurde in einigen Regionen (Ägypten, Iran, Türkei) ein europäisches Schulsystem neben dem klassisch islamischen eingeführt, weil man glaubte, dass die klassisch islamische Koranschule den Herausforderungen durch die Moderne nicht mehr gewachsen sei. So kam es zu einer Zweigleisigkeit, die sich später auch in anderen Bereichen (z.B. Recht, Verwaltung) fortsetzte. Das Imitieren Europas fand in vielen Bereichen statt. Es führte in der Türkei nach dem Ersten Weltkrieg sogar zu Kleiderordnungen, denen zufolge der Schleier für Frauen und der Fez als Kopfbedeckung für Männer verboten wurde. In vielerlei Hinsicht wurde und wird bis heute diskutiert, wie viel Anpassung an die Moderne notwendig ist und wo Altes bewahrt werden muss.

Fünf Bereiche sind dabei in ganz besonderer Weise im Zentrum der Diskussion: die Schriftauslegung, die unterschiedlichen soziologischen Rahmenbedingungen, das Verhältnis zwischen den Geschlechtern, die Menschenrechte und der Umgang mit Minderheiten.

Die Schriftauslegung ist vor allem im christlich-islamischen Dialog in Europa immer wieder ein Problem. Für christliche Theologen ist es nämlich meist genauso schwer nachvollziehbar wie für viele Agnostiker und Atheisten in der europäischen Gesellschaft, dass die Muslime bis heute daran festhalten, dass der arabische Text, so wie er im Koran steht, wortwörtlich von Gott stammen und

Mohammed ihn lediglich vorgetragen, nicht aber formuliert haben soll. Die Muslime ihrerseits sehen in jedem Versuch, einen historisch-kritischen Zugang zum Koran zu propagieren, eine Leugnung ihres Offenbarungsanspruchs und wehren folglich alle derartigen Versuche ab. Sie wollen nur die Deutungen zulassen, die sich an klassischen Vorbildern aus der islamischen Geschichte orientieren. Die Fixiertheit auf den Koran als Gottes Offenbarung gilt auch hinsichtlich der Aussagen zu Jesus und dem Christentum. Vielfach wird dabei das real existierende Christentum gar nicht zur Kenntnis genommen, sondern stattdessen das wiederholt, was im Koran dazu geschrieben steht. Ein Gleiches gilt für historische Bezüge, die durch den Koran hergestellt werden, in der Sichtweise heutiger Geschichtswissenschaft jedoch anders zu sehen sind. In alledem stellt sich die Frage, inwieweit der Koran als Zeitdokument des siebten Jahrhunderts und wo er als unveränderliche, ewige Botschaft angesehen werden muss.

Die unterschiedlichen soziologischen Rahmenbedingungen des Muslim-Seins im Vorderen Orient, in Afrika, Zentral- oder Südostasien und Europa oder den USA führen zu der Frage, ob ein und derselbe Entwurf vom idealen Verhalten des Menschen in der Gesellschaft für all diese Kontexte noch gültig sein kann. Ist es nicht stattdessen eher wahrscheinlich, dass es unterschiedliche Adaptationsweisen je nach Kontext geben muss, dass also eine größere Pluralität an die Stelle eines homogenen Konzepts treten muss? De facto ist dies ja schon längst der Fall, weshalb man zu Recht vom marokkanischen oder türkischen Islam im Unterschied zum indonesischen spricht. Muss das aber nicht auch konzeptionell seinen Niederschlag finden und daher jeder Entwurf einer islamischen Ordnung den soziologischen Rahmenbedingungen seines Umsetzungsfeldes Rechnung tragen? Dies gilt insbesondere für den Islam in Westeuropa oder in Amerika, der auf spezifische Rahmenbedingungen einer modernen demokratischen Gesellschaft antworten muss, die in diesem Sinn in kaum einem Land der sog. islamischen Welt, also der Völker und Länder mit einer eindeutigen islamischen Bevölkerungsmehrheit, gegeben sind. Beispiele hierfür sind u.a. die interne Organisationsstruktur des Islam in verschiedenen Ländern, die Einstellung zur Demokratie, die Vorschriften für das Fasten im Monat Ramadan im Sinn einer einmonatigen totalen Abstinenz von Essen und Trinken während der Tagesstunden, die Anweisungen zur richtigen Bekleidung (die sog. Kopftuchdebatte) und das Verhältnis zwischen den Geschlechtern.

Das Verhältnis zwischen den Geschlechtern war klassisch in Europa wie im Orient durch eine eindeutige Rollenteilung gekennzeichnet: Im Haus herrschte die „züchtige Hausfrau, die Mutter der Kinder" (vgl. Schillers Gedicht „Das Lied von der Glocke"), außer Haus war die Domäne des Mannes. Spätestens mit der Pubertät setzt diese Trennung in zwei Welten konkret ein, Kontakte zwischen Männern und Frauen sind auf die Ehe und im weiteren Sinn die Familie beschränkt, vorehelicher Geschlechtsverkehr ist ebenso ausgeschlossen wie der außereheliche. Die Verteidigung der Jungfräulichkeit der jungen Frau gehört bis zu deren Eintritt in die Ehe zum Ehrenkodex der gesamten Familie. Diesbezüglich ist der Umbruch der Lebensgewohnheiten in der modernen Gesellschaft am meisten deutlich. Koedukation, vorehelicher Geschlechtsverkehr, Gleichheit von Mann und Frau in der Arbeitswelt sowie immer höhere Ehescheidungsraten sind die markantesten Merkmale. Die Frage ist, wie die Verhaltenskodices der Religionen – hier des Islam – damit umgehen bzw. darauf reagieren. Vielfach glauben Muslime, dass die westlichen Lebensformen moralisch verwerflich sind und mit aller Kraft bekämpft werden müssen. Ob die Muslime diesen Kampf erfolgreich durchführen werden oder selbst irgendwann von den Neuerungen de facto so erfasst werden, wie dies für die westeuropäische Gesellschaft gilt, bleibt abzuwarten. Was das alles für die Länder mit islamischer Bevölkerungsmehrheit bedeutet, ist ebenfalls eine offene Frage.

Die Erklärung der Menschenrechte der UNO steht in einem gewissen Gegensatz zu klassischen Positionen des Islam, der traditionell Frauen nicht dieselben Rechte einräumte wie Männern, Andersgläubige nicht wie Muslime behandelte und Konversionen nur unter den geduldeten Religionsgemeinschaften und zum Islam, aber keinen Austritt aus dem Islam zugelassen hat. Seit den 1970er Jahren hat es darüber intensive Debatten unter den Muslimen gegeben, mehrere islamische Menschenrechtserklärungen wurden veröffentlicht. Dennoch sind bis heute nicht alle Muslime bei den genannten einzelnen Punkten einer Meinung und dies sowohl in den Ländern mit islamischer Bevölkerungsmehrheit als auch in der sog. islamischen Diaspora in West-, Mittel- und Nordeuropa wie in Amerika.

Ein gewisses Missverständnis entsteht bei Gesprächen zwischen Muslimen aus dem Orient und Europäern oft dadurch, dass die Muslime häufig die Menschenrechte als Rechte eines Kollektivs (z.B. Palästinenser) verstehen, während das Menschenrechtsverständnis unter Europäern fast ausschließlich als Recht von Individuen begriffen wird.

Im Sinn der religiösen Anthropologie ist eine Schwierigkeit die, dass der Mensch primär als Wesen mit Pflichten gegenüber Gott und davon abgeleitet gegenüber den anderen gesehen und nicht als ein Wesen mit Rechten verstanden wird. Vieles deutet darauf hin, dass der Islam – wie im Christentum die katholische Kirche seit den 1960er Jahren – sich nach anfänglichem Widerstand ohne Einschränkung zu den Menschenrechten bekennen wird. Möglicherweise wird dies aus denselben Gründen geschehen wie in der katholischen Kirche, nämlich als Schutzmaßnahme für die Religionsgemeinschaft, wenn sie die Rechte ihrer Anhänger in der Situation als Minderheit einklagt.

Bezogen auf den Umgang mit Minderheiten hat der Islam klassischerweise den Religionsgemeinschaften, die sich auf Mohammed voraufgehende Propheten berufen, d.h. den sog. „Leuten des Buches“ (Juden und Christen, auch Zoroastrier und monotheistisch ausgerichtete Hindus), den Status einer geduldeten Religionsgemeinschaft zuerkannt. Dies bedeutete, dass die Gemeinden dieser Religionsgemeinschaften als selbstständige Gemeinschaften (mit eigener Jurisdiktion) innerhalb des islamischen Staatsverbandes (umma) geduldet wurden. Man gestand ihnen Sonderrechte zu (z.B. Weintrinken für Juden und Christen, Schweinefleischessen für Christen), andererseits gab es auch Einschränkungen; z.B. durften die „Leute des Buches“ keine Führungspositionen in Staat und Gesellschaft übernehmen, für sie galt ein gesondertes Besteuerungssystem. Gemessen am christlichen Europa, das oft wenig Toleranz gegenüber Andersgläubigen erkennen ließ und seit dem Augsburger Religionsfrieden 1555 darauf bedacht war, homogene Religionszugehörigkeitszonen zu schaffen (gemäß dem Motto: cuius regio, eius religio, die Religion des Landesfürsten muss auch die seiner Untertanen sein), hat der Islam mehr Toleranz bewiesen, solange dadurch nicht die Belange der Umma gefährdet waren. Aus heutiger Sicht ist dies nicht mehr akzeptabel, weil der unterschiedliche Rechtsstatus der Bürger und Bürgerinnen, je nachdem, ob sie zur Mehrheit oder zu den Minderheiten gehören, dem Prinzip der Gleichheit aller Bürger und Bürgerinnen vor dem Gesetz widerspricht. Sosehr die islamische Rechtsordnung der Vergangenheit auch gegenüber der in Europa Vorzüge für die Minderheiten gehabt haben mag, sowenig ist sie heute haltbar.

Die Konsequenz aus den hier dargestellten fünf Bereichen der Auseinandersetzung mit der Moderne sind fünf große Orientierungsrichtungen innerhalb des Islams der Gegenwart: der Scharia-Islam, die Berufung allein auf den Koran, die Unterscheidung zwischen zeitlich Bedingtem und ewig Gültigem, die Unterscheidung zwischen der mekkanischen und der medinensischen Zeit, die Trennung zwischen Religion und Staat.

Der Scharia-Islam gilt vielen Muslimen als der richtige Weg, in einer Zeit der Umbrüche und Verwirrungen wie der unsrigen die islamische Identität zu bewahren und Halt im Glauben und in den Geboten Gottes zu finden. Beschritten wurde dieser Weg von Ayatollah Khomeini (1900–1989), der nach Meinung vieler sunnitischer wie schiitischer Muslime durch die islamische Revolution (1978/1979) in Iran die Antwort der Muslime auf die Herausforderung der Religion durch die Moderne gegeben und deutlich gemacht hat, dass nur die bedingungslose Rückkehr zu den althergebrachten Prinzipien aus der Blütezeit des Islam den Muslimen ein neues Selbstbewusstsein zu geben und die Überwindung ihrer Probleme zu ermöglichen vermag. Die Verfechter dieser Position verweisen darauf, dass dieses Scharia-System jahrhundertelang in der Lage war, auf neu auftretende Probleme positiv zu reagieren. Sie glauben, dass dies auch heute noch Gültigkeit habe, und sehen von daher keine Veranlassung zu Veränderungen im Prinzip, obwohl – wie oben dargestellt – die Scharia ihre Systematik nur dadurch gewann, dass Koranisches und Nichtkoranisches, d.h. Islamisches und Vor- bzw. Außerislamisches in gleicher Weise konstitutiv gewesen sind.

Die Berufung allein auf den Koran, wie sie von den Muslimbrüdern in Ägypten und Syrien propagiert wird, trägt der Tatsache Rechnung, dass die Scharia sowohl Koranisches als auch Nichtkoranisches, d.h. Islamisches und Vor- bzw.

Außerislamisches enthält. Wirklich verbindlich und für alle Zeiten gültig ist nach Meinung dieser Muslime jedoch nur die Offenbarung des Koran. Deshalb lassen sie allein den Koran gelten, diesen aber ohne Abstriche. Die Stärke dieser Position ist im Vergleich zu der des Scharia-Islams, dass nur die Offenbarung als Grundlage gilt, ihre Schwäche dagegen, dass damit das System fehlt, aus dem systematisch die Lösung neu auftretender Probleme abgeleitet werden kann. Daher müssen neue Wege der Systematisierung versucht werden, was seinerseits neue Richtungskämpfe und Interpretationsvorschläge zur Folge hat. Dem Scharia-Islam und der ausschließlichen Berufung auf den Koran ist gemeinsam, dass die Politik vollständig den Weisungen des Koran bzw. des Islam unterworfen wird. Religion und Politik werden als eines gesehen, gemäß der klassischen Formulierung aus dem Mittelalter, der Islam sei „din wa-daula“, d.h. Religion und Staat.

Die Unterscheidung zwischen zeitlich Bedingtem und ewig Gültigem, wie sie beispielsweise die Ismailiten unter der Führung des Aga Khan vertreten, weist eine Eins-zu-Eins-Umsetzung des Koran in die politische Alltagswirklichkeit zurück und erinnert daran, dass es im Koran nicht nur ewig Gültiges, sondern mit Sicherheit auch zeitlich Bedingtes gibt, das nicht für alle Zeiten Gültigkeit beanspruchen kann. Die Ismailiten rechnen darunter etwa die eindeutige Benachteiligung der Mädchen und Frauen im Vergleich mit den Männern bei der Erbschaft oder als Zeuginnen vor Gericht. Sie wehren sich auch dagegen, dass die Ausbildung von Mädchen schlechter sein soll als die für die Jungen und ergreifen in ihren Gemeinden entsprechende Gegenmaßnahmen. Das eigentliche Problem für diese Richtung besteht darin, konkret begründen zu können, dass diese oder jene Anweisung zeitlich bedingt, eine andere aber ewig gültig ist. Hier ist der willkürlichen Interpretation, so scheint es, Tür und Tor geöffnet, weil der Koran keine Kriterien zu einer solchen Unterscheidung nennt.

Die Unterscheidung zwischen der mekkanischen und der medinensischen Zeit wurde vor allem durch den sudanesischen Reformer Mahmud M. Taha propagiert, der 1985 im Alter von 76 Jahren im Sudan wegen Häresie hingerichtet wurde. Seine Ideen haben aber heute viele Anhänger unter den islamischen Intellektuellen. Die Grundthese lautet, dass Mohammed von Gott zu den Mekkanern gesandt wurde und – hätte er dort Erfolg gehabt – eine medinensische Phase nicht stattgefunden hätte. Nur weil dieser Erfolg ausgeblieben sei, sei es zur Auswanderung nach Medina gekommen, wo die erste Botschaft der mekkanischen Zeit durch eine zweite, an die Rahmenbedingungen einer arabisch-patriarchalischen Stammesgesellschaft angepasst und entsprechend modifiziert, verkündet wurde. Konkret heißt dies, dass in Mekka noch nicht von der umma, dem islamischen Staat, die Rede ist, dass das Verhältnis zu Juden und Christen spannungsfrei und dialogoffen gewesen ist, dass Mohammed mit Khadidja monogam lebte und dass die drastischen Strafregelungen bei Diebstahl und Ehebruch noch nicht erlassen waren. Daraus schließt M. Taha, dass der Urislam der mekkanischen Zeit ein auch unter modernen Gesichtspunkten akzeptabler Islam gewesen ist, der erst bei seiner Umsetzung in die medinensische Stammesgesellschaft eine staatliche Organisationsform erhielt, durch Spannungen mit den jüdischen Stämmen in Medina belastet wurde, Polygynie (Vielweiberei) erlaubte und ein unerbittliches Strafrecht für bestimmte Delikte einführte. Nach M. Taha ist daher das Festhalten an der medinensischen Ordnung keine unabdingbare Notwendigkeit, wenn sich die Rahmenbedingungen für die Umsetzung der ersten mekkanischen Botschaft derartig grundlegend geändert haben, wie dies in der modernen Welt der Fall ist. Damit wird die zweite Botschaft von Medina nicht überflüssig, sondern zum Lehrstück für Umsetzung unter konkreten historischen Rahmenbedingungen ohne ewig bindende Gültigkeit, während die erste Botschaft für alle Zeiten wegweisend bleibt. Somit lässt sich auch die im modernen Staat übliche Trennung zwischen Religion und Staat/Politik koranisch von der mekkanischen Botschaft her begründen.

Die Trennung zwischen Religion und Staat, wie sie am Deutlichsten durch Kemal Atatürk (1881–1938) in der Türkei eingeführt worden ist, folgt dem Vorbild des laizistischen Frankreich und orientiert sich demnach nicht an islamischen Staatsmustern irgendeiner Zeit der islamischen Geschichte. Deshalb stieß diese Reform auf Widerstand bei vielen traditionell ausgerichteten Muslimen in der Türkei, konnte sich aber durchsetzen, weil sie als einziger Weg galt, den technologisch-wirtschaftlichen Rückstand der Muslime gegenüber der westlichen Welt, wie er seit dem Einbruch der Moderne in die islamische Welt im 19. Jahrhundert als Schmach empfunden wurde, wettzumachen. In dem Maß, in dem das Aufholen des Abstands gegenüber dem Westen ausblieb, wuchs die Kritik an diesem Weg, und die Stimmen zugunsten einer Rückkehr zu islamischen Prinzipien wurden immer lauter.

Die fünf hier vorgestellten Orientierungsrichtungen schlagen nur grobe Schneisen in die Vielzahl der Entwürfe, welchen Weg der Islam in Zukunft gehen soll, um einerseits die islamische Identität zu bewahren und andererseits einen Modus vivendi mit den Herausforderungen durch die Moderne zu finden. Sie haben gezeigt, dass der Islam kein monolithischer Block, sondern höchst facettenreich ist. Welche Richtung sich langfristig als die bestimmende durchsetzen wird, lässt sich im Augenblick noch nicht sagen. Es scheint aber, dass diese Grundorientierungen für die Zukunft des Islam wichtiger sind als die traditionelle Zuordnung zu Sunniten und Schiiten, denn die Trennungslinien verlaufen nicht mehr zwischen diesen Gruppierungen, sondern quer dazu. Bezeichnend ist dafür die Tatsache, dass die Revolution in Iran im Jahr 1978/1979 nicht als eine schiitische oder gar zwölferschiitische, sondern als islamische bezeichnet wurde und damit einen Anspruch auf Modellcharakter für alle Muslime erhoben hat. Ein Gleiches gilt für die extremistischen Gruppierungen bis hin zu den islamistischen Terrorgruppen. Sie alle wollen ihren jeweiligen Weg als verbindlich für alle Muslime durchsetzen, so dass das Spektrum der Wege und Entwürfe eine kaum noch durchschaubare Vielzahl darstellt, bei denen meist traditionelle Vorbilder mit neuen Gedanken und Methoden so vermischt sind, dass auch die rückständigsten Modelle nicht einfach Neuaufgüsse von längst Bekanntem, sondern neue Wege unter den Rahmenbedingungen der heutigen Welt darstellen.

Neuere religiöse Bewegungen

Die bisherige Darstellung der Hochreligionen zeigt, dass deren Entstehungszeiten keine chronologisch festlegbaren Einschnitte in der Menschheitsgeschichte bedeuten. Die alte Theorie von der „Achsenzeit", wie sie z.B. Karl Jaspers[45] diskutiert hat und derzufolge etwa gleichzeitig im 6. Jahrhundert v.u.Z. in China, Indien, bei den Persern, Juden und Griechen (durch die Entstehung der Philosophie) die Umbrüche zu den Hochkulturen entstanden sein sollen, ist empirisch so nicht mehr haltbar. Hochkulturen sind zu verschiedenen Zeiten entstanden, die letzte davon ist in der vorliegenden Darstellung der Islam. Die Religionsgeschichte aber ist – anders, als viele denken – damit noch lange nicht zu Ende. Auch danach sind weitere Religionen entstanden. Besonders bekannt ist in diesem Zusammenhang die Entstehung der Sikh-Religion im 16. Jahrhundert und der Beginn der Bahai-Religion im 19. Jahrhundert neben weiteren, die bis ins 20. Jahrhundert hinein hinzukommen.

1. Die Sikh-Religion

In Nordindien, in dem Gebiet des heutigen Punjab Pakistans wie Indiens, entstand im 16. Jahrhundert eine Religion, die bis heute existiert: die Sikh-Religion. In ihr finden sich sowohl hinduistisches als auch islamisches Gedankengut. Genauer: Aus dem religiösen Kontext des Hinduismus stammen der Glaube an die Wiedergeburt und die Hoffnung auf Erlösung aus dem Kreislauf der Wiedergeburten, die Yogapraxis, der zufolge strenge Selbstdisziplin zu spiritueller Erfahrung führt, und die Bhakti-Frömmigkeit, die auf die Vereinigung mit Gott durch totale Hingabe an Gott vertraut, aus dem religiösen Kontext des Islam der Moghulzeit (1526–1858) der Sufismus mit seinen Praktiken intensiver Gotteserfahrung in dafür geschaffenen Bruderschaften. Von beiden Religionen wurde Guru Nanaks (1469–1539) Denken geprägt. Nach einer beruflichen Laufbahn als Provinzbeamter gab Nanak, Ehemann und Vater von zwei Söhnen, im Alter von ungefähr 30 Jahren seinen Beruf auf und zog predigend und Anhänger sammelnd durch die Lande. Er verkündete, dass Gott das Höchste Wesen sei, das alles geschaffen habe und die Lebewesen durch seine Gnade errettet habe. Als Höchstes Wesen ist Gott transzendent, als Schöpfer ist er immanent. Erlösung geschieht durch Hingabe an Gott (*bhakti*) und ständiges Gottgedenken, wie es in der islamischen Mystik gelehrt wird. Beides führt zur mystischen Vereinigung mit Gott, die unter allen Lebewesen nur dem Menschen und zwar allen Menschen – aus welcher Kaste Indiens auch stammend, ob Mann, ob Frau – möglich ist.

[45] Karl Jaspers: Vom Ursprung und Ziel der Geschichte, München 1963.

Die Worte Nanaks sowie die einiger anderer der insgesamt zehn Leiter (Gurus) der religiösen Gemeinde der Sikhs sind im Guru Granth Sahib oder Adi Granth gesammelt und werden in der Liturgie wie bei den täglichen Gebeten verwendet. Während anfangs die Abgrenzung zum Hinduismus – Nanak selbst war von Haus aus Hindu – nicht eindeutig war, entwickelte sich aus dem Anhängerkreis der Gurus in der Nanak-Nachfolge allmählich immer deutlicher eine eigenständige Gruppierung, eine Bruderschaft (*Khalsa*), die am Neujahrstag 1699 vom zehnten und zugleich letzten Guru Gobind Singh gegründet wurde und die von da an zur Konsolidierung dieser Glaubensgemeinschaft als eigenständiger Religion führte. Zentrum ist der sog. „Goldene Tempel" von Amritsar (Indien), eine Art besonderer Andachtsraum mit dem hl. Text des Adi Granth, der dort vom 5. Guru Arjan Singh (1581–1606) kompiliert und vom 10. Guru Gobind (1666–1708) zum schriftlichen Guru für seine Schüler (*shisya*, wovon die Bezeichnung Sikh abgeleitet ist) erklärt wurde. Die korrekte Bezeichnung für den „Goldenen Tempel" ist Gurdwara. Dieser Begriff wird auch für alle anderen Versammlungsstätten der Sikhs verwendet und ist insofern geeigneter als das Wort „Tempel", als es bei den Sikhs keine Priesterschaft gibt, da die Sikh-Religion eine reine Laienreligion ist.

Sikh wird man heute durch die sog. „Nektartaufe", einen Initiationsritus, der gewöhnlich vor Vollendung des 14. Lebensjahrs – bei Konvertiten erst im Erwachsenenalter – vollzogen wird. Durch diesen Akt werden eventuelle Kastenschranken für den religiösen Rahmen aufgehoben, allenfalls sozial bestehen sie noch fort. Männliche Täuflinge erhalten den Beinamen „Singh" (Löwe), weibliche den Beinamen „Kaur" (Prinzessin), sofern es sich nicht um schon in den Khalsa Geborene handelt. Die würdevollen Beinamen zeigen an, dass Mann und Frau gleichermaßen erlösungsfähig sind und als vollberechtigte Mitglieder in der Khalsa-Gemeinde gelten. Mit der Taufe übernehmen die Neulinge in der Religionsgemeinschaft auch die fünf Kennzeichen des Khalsa, die sog. „fünf Ks": *kes* (das ungeschnittene Haar), *kangha* (den kleinen Kamm zum Ordnen der Haare, der von männlichen Sikhs meist unter den Turban in die Frisur gesteckt wird), *kani* (Armreif aus Stahl), *kirpan* (Dolch) und *kaccha* (shortsähnliche Hose). Zu den Verhaltensvorschriften gehört der Verzicht auf den Genuss alkoholischer Getränke und auf den Verzehr geschächteter Tiere sowie auf Rauchen.

Neben der Taufe ist die Hochzeit ein weiterer wichtiger Schritt im Leben der Sikhs. Begleitet von zahlreichen Gesängen und Lesungen aus dem Adi Granth wird das irdische Band zwischen den Brautleuten durch Verknotung ihrer Schals geknüpft und dadurch symbolisch angedeutet, dass damit auch das himmlische Band mit Gott geknüpft ist. Der vierfache Aufstieg der Seele in die himmlische Sphäre wird durch das viermalige Umrunden des hl. Buchs Adi Granth zum Ausdruck gebracht und auf diese Weise auch eine Beziehung zwischen der Hochzeit auf Erden und dem Tod als himmlischer Hochzeit hergestellt.

Wie die Hindus werden auch die toten Sikhs verbrannt, und ihre Asche wird in einen Fluss gestreut. Der Leichnam des Sikhs soll mit den fünf Ks ausgestattet sein. Die Lesungen und Gesänge verkünden, dass durch den Tod der Mensch in Gott aufgehen wird. In den folgenden zehn Tagen wird der gesamte Adi Granth gebetet, eine Tabuisierung der Familie wie bei den Hindus ist nicht vorgesehen, im Gegenteil, die Leidtragenden und die Trauergäste nehmen gemeinsam ein Mahl vor der Verabschiedung des Toten ein.

Der Alltag der Sikhs ist ebenfalls vom Gedanken an den Tod geprägt, indem nach dem Morgen- und Abendgebet das Nachtgebet auf das letzte Ziel des Menschen, die Aufnahme in Gott, hinweist. Darüber hinaus gibt es einige weitere Feste im Jahreszyklus.

Die Sikh-Religion ist heute in Form des Khalsa wie auch in davon unabhängigen Gruppierungen nicht mehr nur auf Nordindien begrenzt. Sikhs findet man in größerer Zahl auch in Großbritannien, Kanada und den USA sowie in Australien, Neuseeland und Südafrika. Probleme stellen sich für die Sikhs bezüglich der Anpassung an Forderungen der modernen Welt, dazu gehören etwa im Straßenverkehr bei bestimmten Fortbewegungsmitteln die Verpflichtung zum Tragen eines Sturzhelms, der sich mit dem Turban nicht vereinbaren lässt, und das Waffenverbot in Schulen, das sich mit dem Tragen des *kirpan* nicht vereinbaren lässt.

2. Die Bahai-Religion

Die Bahai-Religion ist sicherlich die bekannteste neue Offenbarungsreligion, die im 19. Jahrhundert entstanden und bis heute in vielen Ländern vertreten ist. Sie ist aus einer anderen im 19. Jahrhundert in Persien entstandenen Religion, dem Babismus, hervorgegangen. Deren Gründer war der Perser Mirza Ali Muhammad (1820–1850), der sich seit 1844 als „Bab" (arab.: Tor, Pforte) bezeichnet hat. Einer seiner Anhänger war der Perser Mirza Husein Ali Nuri (1817–1892, beigesetzt in Bahji bei Haifa), der 1863 die Bahai-Religion gründete. Der Name ist von dem Ehrentitel des Gründers: Baha'u'llah (pers.: Glanz Gottes) abgeleitet. Die Lehre der Bahai-Religion hat die dreifache Einheit zum Gegenstand: die Einheit Gottes, die Einheit der göttlichen Offenbarer und die Einheit der Menschheit.

Mit der Einheit Gottes knüpft die Bahai-Religion an die wichtigste Glaubensaussage des Islam an: „Es gibt nur einen Gott" (Monotheismus). Sie sieht sich so in einer Linie mit allen voraufgehenden monotheistischen Religionen, insbesondere mit Judentum, Christentum und Islam. Mit der Einheit der göttlichen Offenbarer verkündet die Bahai-Religion, dass im Kern alle Religionen dieselbe Botschaft haben. Die verschiedenen Propheten und Boten Gottes sind notwendig gewesen, weil die Menschheit im Lauf der Evolution viele Etappen durchlaufen hat, so dass immer wieder neue Anpassungen vonnöten waren, weil

Gott wie ein guter Pädagoge auf den jeweiligen Verständnisgrad der Adressaten Rücksicht genommen und ihnen nur soviel zugemutet hat, wie sie jeweils wirklich erfassen konnten. Dementsprechend umfasst die Reihe der Propheten und Boten Gottes nach den Bahais nicht nur wie im Islam Adam, Abraham, Moses, Jesus und Mohammed, sondern zudem noch Krishna, Zarathustra, Buddha, den Bab und Baha'u'llah. Weitere Propheten und Boten Gottes sind nicht ausgeschlossen, doch glauben die Bahais, dass diese erst in späterer Zeit kommen werden, so dass gegenwärtig Baha'u'llah der vorerst letzte Prophet ist. Der Glaube an die Einheit der Menschheit betont, dass alle Menschen – Männer wie Frauen, welcher Herkunft sie auch seien – gleichwertig sind. Die Bahais lehnen deshalb jede Form von Benachteiligung etwa von Frauen gegenüber Männern sowie jeden Rassismus ab. Sie treten für gleiche Bildungschancen von Frauen und Männern, für den Weltfrieden und für eine globale Ethik ein. Ihre Lehren sind in verschiedenen Schriften gesammelt, deren wichtigste das Kitab-i Akdas, das Heiligste Buch, aus dem Jahr 1873 ist.

Die Bahai-Religion kennt kein Priestertum. Jede/r Gläubige ist verpflichtet, die Wahrheit selbst zu suchen. Das Jahr ist in 19 Monate zu je 19 Tagen eingeteilt. Als Neujahrstag gilt der persische Neujahrstag „Nowruz" (21. März). Höhepunkt des Festkalenders ist das Ridvanfest, das zur Erinnerung an die Offenbarung Baha'u'llahs zwölf Tage (vom 21. April bis 2. Mai) gefeiert wird. Weitere wichtige Festtage sind die Todestage von Baha'u'llah (29. Mai) und Bab (9. Juli) sowie die Geburtstage von Bab (20. Oktober) und Baha'u'llah (12. November). Tägliche Pflichtgebete unterschiedlicher Art und Form (Gebetsrichtung nach Bahji, dem Grab von Baha'u'llah) strukturieren den Alltag der Bahais. Als besondere Andachtstätten gibt es bislang sieben „Häuser der Andacht", davon eines in Europa, in Langenhain bei Frankfurt am Main. Ansonsten versammeln sich die Bahais in Privatwohnungen oder in entsprechenden Zentren, Tempel oder Gotteshäuser gibt es nicht.

3. Andere religiöse Bewegungen

Die Bahai-Religion ist bei weitem nicht die einzige Religion oder Religionsgemeinschaft, die im 19. Jahrhundert ihren Anfang genommen hat. Im Gegenteil, bei genauerer Betrachtung der neueren Religionen bzw. religiösen Bewegungen erweisen sich das 19. und 20. Jahrhundert als religionshistorisch besonders produktiv. Eine Fülle von religiösen Bewegungen ist in diesen beiden Jahrhunderten entstanden und dies in allen Kontinenten, so dass es schwierig wird, sie aufzuzählen oder irgendwie dieses Phänomen zuzuordnen. Zwei Gliederungsweisen finden sich daher in den meisten Nachschlagewerken: eine *geographische* und eine *systematische* Zuordnung.

Die *geographische* Zuordnung lenkt den Blick des Betrachters auf einzelne Länder und Regionen und ist im Prinzip gut dafür geeignet, sämtliche Gruppierungen zu erfassen. In der Praxis sind auch hierbei Beschränkungen auf einige wenige Erscheinungen geboten. So etwa ist es unmöglich, hier etwas zu jeder einzelnen der heute über 700 registrierten Neuen Religionen im gegenwärtigen Japan zu sagen. Es muss genügen, darauf hinzuweisen, dass darunter eigenständige Offenbarungsreligionen wie Tenrikyo (Lehre/Religion von der himmlischen Wahrheit), 1838 von der schamanistisch begabten Bauersfrau Miki Nakayama ins Leben gerufen, oder die 1986 von Okawa Ryuho gegründete Religion Kofuku no Kagaku (Institut für die Erforschung menschlichen Glücks) fallen wie neuere religiöse Bewegungen buddhistischer Prägung, etwa die Reiyukai (1920), Soka Gakkai (1930) und Rissho Koseikai (1938). Einige dieser Gruppierungen haben mehrere tausend Mitglieder, sind gewöhnlich finanziell gut abgesichert und nicht selten auch politisch oder im interreligiösen Dialog aktiv. Nicht alle sind harmlos, wie das Beispiel der 1995 durch Giftanschläge in der Untergrundbahn von Tokio in die Schlagzeilen geratenen berüchtigten Aum-Shinrikyo (Lehre von der absoluten Wahrheit) zeigt.

Für China lässt sich aus dem 19. Jahrhundert die Taiping-Rebellion nennen, deren Anführer Hong Xiuquan (1814–1864) sich als jüngerer Bruder Jesu verstand und eine „Gesellschaft der Gottesverehrer" gründete, die monotheistisches Gedankengut verbreitete und buddhistische sowie daoistische Tempel zerstörte. In Vietnam entstand die Cao-Dai-Religion (das Wort heißt „höchster Palast" oder „Altar" und bezeichnet den höchsten Gott; die Religion geht auf eine dritte Offenbarung von 1919 zurück und wurde offiziell 1926 als Religionsgemeinschaft gegründet). Gelehrt wird, dass in einer ersten und zweiten Offenbarung die Religionen des Daoismus, des Konfuzianismus, des Buddhismus und des Christentums entstanden sind, während in einer dritten Offenbarung, diesmal an Ngo Van Chieu, einen vietnamesischen Zivilbeamten und Gründer der Religion, Cao Dai bekannt gemacht wird. Die Religion akzeptiert die voraufgehenden Religionen, verwendet Praktiken und Lehrvorstellungen aus ihnen ebenso wie einige Neuerungen und ist nach dem Vorbild der katholischen Kirche organisatorisch stark hierarchisch gegliedert (Papst, Erzbischöfe, Bischöfe, Priester). In Korea sind ebenfalls neue Religionen entstanden, von denen im Ausland die bekannteste die auf Reverend Mun (geb. 1920) zurückgehende „Vereinigungskirche" ist. Nach Muns eigenen Angaben hatte er am Ostermorgen 1936 eine Vision Jesu, in der ihn Jesus beauftragt habe, seine Mission fortzuführen und zu vollenden, indem er vor allem das Ideal der Ehe vorlebe und den Wert der Familie für die staatlich-politische Gemeinschaft hochhalten solle. Zudem engagierte sich die Vereinigungskirche im Dialog mit den Religionen sowie mit politischen und gesellschaftlichen Führungskräften, was ihr in Deutschland immer wieder Kritik eingebracht hat und vor allem in den 1970er und 1990er Jahren zum Gegenstand zahlreicher Debatten geworden ist.

Im Bereich des Hinduismus ist es im 19. und 20. Jahrhundert ebenfalls zu zahlreichen Neugruppierungen gekommen. Am bekanntesten sind wohl im 19. Jahrhundert der 1828 von Ram Mohan Roy gegründete Brahma-Samaj, der den Hinduismus von Praktiken wie der Witwenverbrennung reinigen und ein modernisiertes Verständnis der Hindu-Religion propagieren wollte, und die Ramakrishna-Mission, die im Westen durch Vivekananda 1893 beim Parlament der Religionen in Chicago vorgestellt wurde und auf größtes Interesse in den USA und in Europa gestoßen ist. Nach dem Zweiten Weltkrieg wurden mehrere hinduistisch geprägte Gruppierungen in Europa missionarisch aktiv. Zu nennen sind hierfür die Internationale Gesellschaft für Krishna-Bewusstsein (nach dem englischen Titel abgekürzt: ISKCON), die einigen noch unter der früher üblichen Bezeichnung Hare-Krishna-Bewegung bekannt sein dürfte, die Osho-Bewegung der Neo-Sanyasins, die sich auf Rajneesh Chandra Mohan, genannt Bhagwan (1931–1990), berufen, und die Transzendentale Meditation des Maharishi Mahesh Yogi.

Für den islamischen Bereich sind die bereits vorgestellte Bahai-Religion, die Ahmadiyyah-Bewegung aus Pakistan, gegründet von Mirza Ghulam Ahmad (geb. 1835 in Punjab, gest. 1908 in Kaschmir) sowie einige Sufigemeinschaften zu nennen, deren Zugehörigkeit zum Islam von orthodoxen islamischen Kreisen als höchst problematisch eingestuft wird.

Im christlichen Bereich sind ebenfalls neue religiöse Bewegungen entstanden. Zu erwähnen sind hierfür mit Blick auf das 19. Jahrhundert die Siebtentags-Adventisten, die Zeugen Jehovas, die Heilsarmee, die Mormonen u.a.m. sowie für das 20. Jahrhundert die Scientology Church, der Fiat Lux-Orden von Erika Bertschinger (geb. 1929) und das Universelle Leben von Gabriele Wittek (geb. 1933). Darüber hinaus gibt es die zahlreichen unabhängigen Kirchen in Afrika, synkretistische Neubildungen wie die Umbanda in Brasilien oder philosophisch-religiöse Vereinigungen wie den Positivismus als Religion in Brasilien.

Die *systematische* Zuordnung steht vor dem Problem, Gemeinsamkeiten für all diese neueren religiösen Bewegungen zu finden. Eine erste Schwierigkeit zeigte sich bei der Benennung. Lange war es im deutschen Sprachraum üblich gewesen, sie als „Sekten" zu bezeichnen. Man wollte damit einerseits auf die kleine Zahl der Anhänger im Vergleich zu den sog. „Weltreligionen" hinweisen, des Weiteren sollte diese Bezeichnung die konzeptionelle Abhängigkeit vom religiös-kulturellen Entstehungsrahmen unterstreichen, und schließlich war sicher auch eine gewisse negative Einschätzung dieser Phänomene ein nicht ganz unbeabsichtigter Nebeneffekt. Alle drei Gesichtspunkte sind jedoch problematisch. Zum einen ist es höchst relativ, von der Anhängerzahl auszugehen, denn in manchen Weltgegenden kann eine Religionsgemeinschaft die Mehrheit bilden, während ihre Anhänger in einer anderen eine Minderheit darstellen. Ganz schwierig ist es, die Abgrenzung bzw. Abhängigkeit vom Herkunftsmilieu zum Kriterium zu machen, weil manche Religionsgemeinschaften wie die neobuddhistischen Gruppen (Reiyukai, Soka Gakkai, Rissho Koseikai) sich eindeutig dem Buddhismus zugeordnet sehen, andere wie in Japan die Tenrikyo eine eigenständige Religion sein wollen, die nichts mit ihrem kulturellen Herkunftsmilieu zu tun hat. Schließlich darf eine negative Konnotation die wissenschaftliche Behandlung dieser Religionsgemeinschaften in keinem Fall bestimmen. Daraus folgt, dass man sich heute weitgehend für eine neutrale Bezeichnung wie „neuere religiöse Bewegung" entschieden hat und damit alle bisher vorentschiedenen Gesichtspunkte des Sektenbegriffes beiseite lässt. Schwieriger ist allerdings die Frage, welche Gruppierungen man als religiös und welche man als nicht religiös einstufen soll. Die bisher übliche Zurückhaltung der Religionswissenschaft[46], auf eine Definition ganz zu verzichten und all das, was traditionell unter „Religion" fiel, entsprechend abzuhandeln, kann angesichts neuerer religiöser Bewegungen nicht befriedigen, zumal auch die Gerichte eine klare Position fordern, wenn sie über steuerliche Vergünstigungen bei derartigen Gemeinschaften entscheiden müssen und sagen sollen, ob diese zu Recht oder zu Unrecht das Religionsprivileg ins Feld führen. Englische und skandinavische Religionswissenschaftler haben diesbezüglich weiterführende Vorschläge unterbreitet. Sie empfehlen, verschiedene Dimensionen zu unterscheiden, die einzeln abprüfbar sind und die – wenn sie alle zutreffen – erlauben zu sagen, es handele sich bei der betreffenden Bewegung um eine Religion. Michael Pye schlägt beispielsweise vier Dimensionen (religious action, religious groups, religious states of mind, religious concepts) vor. Juha und Marja Pentikäinen sprechen von fünf Dimensionen der Religion, nämlich einer kognitiven (z.B. Vorstellungen vom Universum und von der Welt, Wertesystem, Glauben an die Existenz des „Übernatürlichen"), einer affektiven oder emotionalen (d.h. religiöse Gefühle, Einstellungen und Erfahrungen), einer instinktiven oder verhaltensmäßigen (z.B. Riten und soziale Bräuche wie Opfer, Gebete, Zauberformeln, Anrufungen), einer sozialen (z.B. Existenz einer Gruppe) und einer kulturellen (z.B. Abhängigkeit der Religion von Zeit und Raum, von dem ökologischen, sozialen und kulturellen Umfeld). Auf dieser Grundlage prüfen die finnischen Forscher dann, welche dieser Dimensionen auf die Scientology-Kirche zutreffen. Ihr Urteil lautet: alle. Somit kommen sie, wie man in allen Selbstdarstellungen der Scientology-Kirche nachlesen kann, zu dem Schluss, „daß es sich bei der Scientology um eine Religion handelt."

Die genannten Dimensionen verdeutlichen, dass nicht alle Gruppen mit religiöser Erfahrung schon als Religionen gelten können. Esoterische Zirkel sind durch diese Dimensionsbeschreibung ausgeschlossen, ebenso scheiden individuelle Offenbarungserlebnisse dann aus, wenn sie nicht gemeinschaftsstiftend wirken. Andererseits fällt auf, dass im 19. und 20. Jahrhundert viele Menschen – Männer wie Frauen – Offenbarungserlebnisse für sich in Anspruch nehmen und

46 Vgl. dazu und zum Folgenden Peter Antes: Religion. III. Religion und Religionen, in: Religion in Geschichte und Gegenwart, Bd 7 (2004), Sp. 274-279.

dadurch zahlreiche Gefolgsleute finden. Schienen prophetische Eingebungen für lange Zeit ein Phänomen der Vergangenheit gewesen zu sein, so erleben sie in den letzten Jahrhunderten gewissermaßen ein Comeback. Der Variationsbreite dieser Phänomene scheinen keine Grenzen gesetzt zu sein. Es gibt – wie beschrieben – neuere religiöse Bewegungen, die ihren Neuheitswert unterstreichen und darin ihr Proprium sehen. Es gibt aber auch Revitalisierungen längst vergangener Religionsformen wie die Wiederbelebung der keltischen oder germanischen Religion, die neuen Hexen u.a.m., wobei bisweilen früher abgelehnte Gestalten wie der Teufel oder die Hexe nun positiv auftreten und zum Mittelpunkt der Verehrung werden.

Wichtig scheint für die meisten dieser neueren religiösen Bewegungen das Moment der religiösen Erfahrung im Sinn konkreter Erlebnisse zu sein. Diesseits und Jenseits sind nicht mehr streng von einander geschieden, Erleben ist alles. Deshalb gewinnt auch die technische Anleitung zur religiösen Erfahrung immer stärker an Bedeutung. Als Beweis dafür sei hier auf die große Zahl von Büchern mit Meditationsübungen, Yoga-Einführungen und Zen-Praktiken verwiesen, die weit mehr Konkretes bieten als 1000 Jahre christlicher Spiritualitätsgeschichte.

Diffuse Religion

Die bisherigen Ausführungen haben sich – mit Ausnahme der Vorgeschichte und der frühen Kulturen – auf die Darstellung einzelner, klar zu benennender Religionen konzentriert. Folglich war von der Religion der Griechen und Römer oder von Hinduismus und Islam die Rede. Damit sind all die Formen von Denken und Erfahrung im Bereich der Religion bei der Beschreibung weggefallen, die in diesem Sinn keiner Religion zuzuordnen sind. Gerade diese Formen aber nehmen an Bedeutung und Interesse immer mehr zu, wie ein Blick in fast jede größere Buchhandlung zeigt, wo neben der Abteilung Religion/Religionen meist ebenso große Abteilungen zu östlichem Denken, alternativer Medizin, Esoterik und Astrologie vorhanden sind. Diese Formen des Denkens und der Erfahrung sind weit verbreitet (daher diffus) und zugleich wenig konkret bestimmt (also auch in diesem Sinn diffus). Ich wähle dafür den Begriff der diffusen Religion und will sie mit Hilfe folgender Stichwörter beschreiben: Gnosis, Esoterik, Astrologie, Meditation, Mystik, alternative Medizin, New Age.

Gnosis, das griechische Wort für „Erkenntnis“, steht für Heilslehren, bei denen nicht der Glaube, sondern die Erkenntnis im Vordergrund steht. Diese Erkenntnis ist allerdings nur Auserwählten zugänglich und bezieht sich gewöhnlich auf das, was die Welt im Innersten zusammenhält. Von großer Bedeutung ist dabei der Dualismus zwischen Licht und Finsternis, d.h. zwischen Gut und Böse. Beides findet sich im Menschen, so dass er einerseits der Gottheit nahe und oft sogar von derselben göttlichen Substanz ist, andererseits aber auch Anteil an der materiellen, bösen Welt der Finsternis hat. Der kosmische Kampf zwischen Gut und Böse spielt sich deshalb im Menschen selbst mit besonderer Intensität ab, es geht dabei darum zu erkennen, dass in jedem Menschen Lichtelemente vorhanden sind, die es heimzuführen gilt in die Sphären des Lichtes. In der hellenistischen Zeit gab es im Römischen Reich verschiedene philosophische wie religiöse Schulen mit gnostischem Gedankengut, auch innerhalb des frühen Christentums gab es derartige Richtungen. Man fasst all diese gewöhnlich unter dem Begriff „Gnostizismus“ zusammen, während Gnosis breitere Verwendung findet und dualistisches Gedankengut sowie auf Erkenntnis beruhende (meist: geheim gehaltene) Heilslehren bezeichnet, die in unterschiedlichen Richtungen der europäischen Geistesgeschichte anzutreffen sind. Davon sind auch naturwissenschaftliche Kreise nicht ausgeschlossen, wie sich an den sog. „Gnostikern von Princeton“ aus den 1970er Jahren zeigt.

Esoterik bezieht sich, wie die Etymologie dieses vom Griechischen abgeleiteten Wortes andeutet, auf Dinge von „innen“ und weist damit auf geheimes (okkultes) Wissen hin, das in entsprechenden Zirkeln weitergegeben bzw. praktiziert wird. Im Unterschied zur Gnosis ist Esoterik durch keinerlei inhaltliche Vorgaben festgelegt und von daher im Sprachgebrauch noch weit diffuser und breiter verwendet als der Begriff der Gnosis. Hauptsache ist, dass es sich um heilsrelevante (Geheim-)Lehren handelt. Religiöse wie philosophische Elemente spielen dabei eine große Rolle und vermitteln den Anhängern dieser Gedanken den Eindruck, zu einer Gruppe von besonders herausgehobenen Menschen zu gehören, weil sie über Lehren bzw. Gedankengänge, d.h. Innenansichten bzw. Wissen verfügen, das nicht jedem Menschen zugänglich, sondern nur wenigen Auserwählten vorbehalten ist. Verwendung finden dabei alte mythische Vorstellungen aus den frühen Kulturen wie aus dem Griechisch-Römischen ebenso wie mystische Erlebnisse berühmter Persönlichkeiten oder eigene Meditationsergebnisse und Symboldeutungen. Vielfach wird dieses esoterische Wissen bewusst als Gegensatz zu naturwissenschaftlichen Weltdeutungen verstanden.

Astrologie hat als „Lehre von den Sternen" vor allem den Einfluss der Planeten unseres Sonnensystems auf das Schicksal und das Verhalten der Menschen zum Gegenstand. Andere Sterne oder Milchstraßen spielen dabei praktisch keine Rolle. Im alten Mesopotamien wurde Astrologie wissenschaftlich betrieben, indem Vorhersagen genau aufgezeichnet und ihr Eintreffen empirisch überprüft wurde. Dabei waren Astrologie und Astronomie noch nicht von einander getrennt. Erst durch die neuzeitliche Wissenschaft wurde die Astrologie zu einem unwissenschaftlichen, eher esoterischen Unternehmen. Die Entstehungsgeschichte erklärt, weshalb bis in die Neuzeit hinein viele europäische Geistesgrößen wie z.B. der Reformator Martin Luther (1483–1546) oder der Philosoph Gottfried Wilhelm Leibniz (1646–1716) völlig selbstverständlich astrologische Aussagen in ihr Denken mit einbezogen. Heute wird Astrologie vor allem in esoterischen Kreisen praktiziert, hat aber auch bis in breite Volksschichten hinein seinen Einfluss behalten, wie der Abdruck von Horoskopen in nahezu allen größeren Zeitungen und Zeitschriften beweist. Obwohl für manchen die Astrologie Züge einer Ersatzreligion gegenüber dem Christentum angenommen hat, tritt sie als Grundausrichtung meist zur religiösen Praxis hinzu, so dass astrologiegläubige Juden, Christen und Muslime, aber auch Hindus und Buddhisten keine Seltenheit sind. Astrologische Glaubensvorstellungen sind somit innerhalb wie außerhalb bestimmter religiöser Traditionen anzutreffen. Sie zeigen, dass die Astrologie weit verbreitet ist und der Glaube daran von der jeweiligen Religionszugehörigkeit unabhängig ist. Auch im sog. New Age hat die Astrologie große Bedeutung.

Meditation ist als eine wichtige Form des Sich-zu-eigen-Machens der Religion in vielen religiösen Traditionen bekannt und meist mit einem inneren Zur-Ruhe-Kommen und Still-Werden verbunden. Zur Verwirklichung bieten vor allem die östlichen Traditionen des Hinduismus (z.B. Yoga) und Buddhismus (z.B. Zen-Meditation) zahlreiche Techniken (z.B. richtiges Sitzen, richtiges Atmen) an, aber auch im Judentum, Christentum und Islam sind derartige Übungen nicht unbekannt. Ziel ist eine Intensivierung der religiösen Inhalte in Form von persönlicher Erfahrung. Während in den östlichen Religionen und im Islam die bild- und gegenstandslose Form besonders betont wird, erfreut sich im Christentum klassisch das Vorstellen und Betrachten von Bildern großer Beliebtheit.

Mystik, von griechisch *myein* = „Augen schließen“ abgeleitet, bezeichnet jene Form religiöser Erfahrung, die aufgrund von geistigem Eintauchen (Versenkung) in die innersten Geheimnisse der Religion zustande kommt und nicht selten zu tief empfundenen Erlebnissen wie Visionen oder Angst- bzw. Glückszuständen führt, die das Leben verändern und neue Dimensionen der Lebenswirklichkeit mit sich bringen. Berichte über mystische Erlebnisse gibt es aus allen Religionen. Die Frage, die unter den Religionswissenschaftlern umstritten ist, betrifft die Vergleichbarkeit derartiger Erfahrungen. Während die einen sagen, es handele sich um gleiche Erfahrungen, die nur aufgrund der religionsspezifischen Vorgaben verschieden ausgedrückt und deshalb scheinbar verschieden sind, glauben andere, man könne eine solche Gleichartigkeit von Erfahrung nicht unterstellen, weil man nicht ausschließen könne, dass vielleicht doch ganz anderes erfahren wurde. Sicher ist, dass sich diese Frage mit Hilfe der philologischen, historischen und sozio-empirischen Methoden der systematischen Religionswissenschaft nicht entscheiden lässt und deshalb ohne Antwort bleiben muss.

Alternative Medizin ist gegenwärtig in vielen esoterischen Kreisen besonders beliebt. Sie wird als Gegenmodell zur wissenschaftlichen Medizin propagiert, die als „Schulmedizin“ abgetan wird. Mit Bezug auf manche in den Religionen überlieferten Formen von Medizin – z.B. in Yogaschulen des Hinduismus oder in der prophetischen Medizin der islamischen Mystik (Sufismus) – betonen die Verfechterinnen und Verfechter der alternativen Medizin, dass Krankheiten nicht nur als Störungen des körperlichen Funktionsablaufes zu sehen sind, sondern dass seelische Ursachen und spirituelle Kräfte (Geister, Ahnen, göttliche Wesen) ebenfalls mit im Spiel sein können. Damit wird das Spektrum möglicher Ursachen für Störungen wesentlich erweitert und dementsprechend auch das entsprechende Therapieangebot.

New Age ist gewissermaßen der Sammelbegriff für die Zeitströmung, in der gnostisches Gedankengut, Esoterik, Astrologie, die verschiedensten Formen von Meditation und Mystik sowie alternativer Medizin ihre geistige Heimat gefunden haben. Man glaubt, dass die Menschheit Ende des 20. Jahrhunderts in das Zeitalter des Wassermanns eingetreten sei, das das Zeitalter der Fische ablösen werde, in dem das Christentum vorherrschend gewesen ist. Für das „neue Zeitalter“ ist eine Abkehr vom rationalen Denken und eine Hinwendung zu einem ganzheitlichen, stark auf innerer Einsicht und Erlebniserfahrung gegründeten Wissen charakteristisch. Die Bezeichnung „alternativ“ findet besonders oft Verwendung und grenzt das Bisherige gegenüber dem angeblich oder tatsächlich Neuen ab.

Religion und Moderne

Seit mehr als 100 Jahren ist es üblich, die Moderne als neue Phase in der Entwicklung der Menschheitsgeschichte zu begreifen. Worin allerdings das „Moderne" besteht und welche Folgen dies für die Religion des Menschen hat, wird unterschiedlich erklärt.[47] Die britischen Religionsforscher sehen in der Religion vor allem ein irrationales Denken, dem die moderne Rationalität entgegensteht. Dieses irrationale Denken lässt sich aber dennoch in der modernen Zivilisation finden und besteht ungeachtet des Modernisierungsprozesses weiter. Französische Religionsforscher sehen die Moderne vor allem in der arbeitsteiligen Gesellschaft und befürchten die Auflösung sozialer Bindungen. Sie betonen daher vor allem den Gemeinschaftscharakter von Religion. In Deutschland sieht man in der Moderne einen Verlust von Spontaneität und Freiheit und unterstreicht deshalb die Weltverneinung als eigentliche Leistung von Religion. Wieder andere betonen die Trennung zwischen einem öffentlich staatlichen Bereich und einer religiösen Privatsphäre als das eigentlich Moderne. Man spricht in diesem Zusammenhang gerne von Säkularisierung und meint damit, dass der öffentliche Bereich immer weniger durch Religion geprägt wird. Religion ist demnach nur noch für „das stille Kämmerlein" bestimmt.

Die Trennung von Politik und Religion, die durch die Säkularisierung des öffentlichen Lebens in Westeuropa festgeschrieben zu sein scheint, ist spätestens durch den Terrorismus im Namen von Religion, speziell des Islam, in Frage gestellt. Gilles Kepel nennt diese Rückeroberung der Politik durch Religion die „Rache Gottes"[48]. Sicher ist, dass Religion wieder zum Gegenstand öffentlicher Debatten geworden ist. Dies gilt für den Islam ebenso wie für die Scientology Church, um nur zwei besonders markante Beispiele zu nennen. Samuel Huntington sieht sogar in seinem berühmten Buch „The Clash of Civilizations"[49] die Auseinandersetzung zwischen und mit den Religionen und Kulturen als das eigentliche Kernproblem der Zukunft an. Fest steht, dass die strikte Trennung zwischen Politik einerseits und den Religionen andererseits sich auf Dauer nicht aufrecht erhalten lässt. Auch der öffentlich staatliche Sektor wird mit Religion als einem wichtigen, nicht zuletzt sozial-politischen Faktor rechnen müssen. Vor allem die an den Rand der Gesellschaft Gedrängten bedienen sich in ihrer Kritik nicht selten der religiösen Formen, um ihrem Protest Ausdruck zu verleihen (vgl.

---

47 Zum Folgenden vgl. Hans G. Kippenberg: Die Entdeckung der Religionsgeschichte. Religionswissenschaft und Moderne, München 1997, S. 269.

48 Gilles Kepel: Die Rache Gottes. Radikale Moslems, Christen und Juden auf dem Vormarsch, München u.a. 1991.

49 Samuel Huntington: The Clash of Civilizations, deutsch: Der Kampf der Kulturen. Die Neugestaltung der Weltpolitik im 21. Jahrhundert, München u.a. ^{5}1997.

in diesem Zusammenhang die verschiedenen Spielarten des sog. religiösen Fundamentalismus).

Auch im Bereich der Ethik und Wissenschaft ergeben sich für die Religionen und durch sie neue Diskussionsfelder. Die Idee eines qualitativen Fortschritts in der Menschheitsgeschichte ist den meisten Religionen fremd. Deshalb denkt die Mehrheit ihrer Anhänger, dass die durch ihre Religionen grundgelegten Anweisungen für menschliches Handeln für alle Zeiten gültig sind. Sie gelten sozusagen absolut, welchen Verlauf die Geschichte der Menschheit auch nehmen wird. Demgegenüber denken viele moderne Menschen, dass der Fortschritt im Lauf der Zeit so groß geworden ist, dass die Rezepte von früher heute nicht mehr gelten können und statt dessen neue gesellschaftliche Rahmenordnungen entworfen werden müssen. Konkret gefragt, sind die Vorstellungen und Entwürfe der klassischen Religionen über das Verhältnis zwischen den Geschlechtern, über die Erwartung eines Verzichts auf vor- und außerehelichen Geschlechtsverkehr, über die gesellschaftliche Verwerfung von Homosexualität und gleichgeschlechtlichen Ehepaare, über Sterbehilfe u.v.a.m. mit dem Fortschritt der wissenschaftlichen Erkenntnis und Möglichkeiten noch zu vereinbaren? Vereinfacht gefragt: Darf der Mensch alles, was er kann, oder gibt es unüberschreitbare Grenzen für menschliches Handeln?

Die neuen Denkweisen machen auch vor den Religionen nicht halt. Die Gleichberechtigung von Mann und Frau – so fordern immer mehr Menschen in den Religionen – soll auch für die Religionen selbst gelten. Daher kennen liberale jüdische Gemeinden Rabbinerinnen und die protestantischen Kirchen Pastorinnen und Bischöfinnen. In anderen religiösen Richtungen wie etwa bei den Anglikanern wird über deren Erlaubtheit und Einführung heftig gestritten, und zahlreich sind die Studien, die zeigen, wie die Rolle der Frau in der Sicht der Religionsstifter und zu bestimmten Zeiten der Religionsgeschichte gewesen ist. Zudem wird subtil das religiöse Vokabular auf seine oft zu männlichen Ausdrucksformen untersucht und stärker auch der weibliche Aspekt betont.

Ein Gleiches gilt für das Thema Menschenrechte. Auch hier stehen die Religionen auf dem Prüfstand und werden daraufhin untersucht, wie weit sie zu einer Humanisierung der Gesellschaft und der Denkweisen der Menschen beigetragen haben und wo sie ihr im Weg gestanden haben. Unbestritten ist, dass das Christentum in seiner Geschichte diesbezüglich manche Bemühung um mehr Menschlichkeit massiv behindert hat. Nicht minder wahr ist dies für andere Religionen. Oft konnte mehr Menschlichkeit nur gegen die Voten der Religionen, nicht aber mit deren Unterstützung, durchgesetzt werden. Ähnliches lässt sich zum Thema Gewalt sagen, wo die meisten Religionen eher Konflikte verschärfend als sie abschwächend gewirkt haben.

Schließlich ist noch die Migration als ein deutliches Zeichen der Moderne zu erwähnen. Im Zuge von Arbeitsmigration, Globalisierung der Wirtschaft, aber auch Verfolgung und Vertreibung sind heute Religionen in Gegenden anzutreffen, in denen es sie früher nicht gegeben hat. Man spricht deshalb von vielfältigen Formen der Diaspora, um deutlich zu machen, dass nicht nur Menschen auswandern und sich anderswo niederlassen, sondern dass dadurch auch Religionsgemeinschaften neue Daseinsräume erschließen. Religiös homogene Gegenden sind daher eher die Ausnahme als die Regel. Dies hat auch Folgen für die Politik in vielen Ländern, die den Umgang mit (religiösen) Minderheiten neu überdenken bzw. neu regeln müssen.

Fazit und Ausblick

Die Darstellung der Geschichte des religiösen Denkens von der Prähistorie bis zur Gegenwart hat gezeigt, wie lange es dauerte, bis Menschen göttliche Wesen in ihr Denken aufnahmen und wie vielfältig das Gottes- und Menschenbild im Lauf der Jahrtausende geworden ist. Die Palette umfasst Göttergeschlechter, die wie die ersten im alten Griechenland ihre Macht auch wieder verlieren konnten, Göttinnen und Götter, die geboren wurden, gewissermaßen im Diesseits auf einem hohen Berg gelebt und sich keineswegs immer sehr „moralisch" verhalten haben und dann unsterblich waren. Andere Göttergestalten befinden sich wie im Buddhismus innerhalb des Kreislaufs der Wiedergeburt und können daher sterben und in anderen Existenzformen wiedergeboren werden. Es gibt Götter und Göttinnen (Polytheismus), es gibt die Vorstellung von zwei widerstreitenden Prinzipien (Dualismus), es gibt die Vorstellung vom einen und einzigen Gott (Monotheismus), und es gibt wie in manchen philosophischen Schulen des Hinduismus das göttliche Urprinzip (Brahma), das gestaltlos gedacht wird, ja es gibt wie in bestimmten Richtungen des Christentums und des Islam eine Gottheit, über die man gar nichts aussagen kann. Die Religionsgeschichte kennt viele Gottheiten namentlich, viele sind aber auch nur zeitweise im Bewusstsein der Menschen geblieben und später durch andere abgelöst worden. Viele werden zum Schutz der Menschen oder besonderer Bereiche des Menschen (z.B. Sicherung der Ernte, Abwehr von Naturgewalten) angerufen, andere scheinen recht begrenzt in ihren Wirkmöglichkeiten bis fast ganz machtlos zu sein. So vielgestaltig ist das Ganze, dass sich nicht allgemein sagen lässt, was all diese Gottheiten gemeinsam haben. Ebenso vielgestaltig ist aber auch das Menschenbild. Es gibt wie in Judentum, Christentum und Islam die Vorstellung vom Menschen als einem von Gott erschaffenen Lebewesen, das nur ein einziges Mal auf Erden lebt, es gibt aber auch die Vorstellung, dass der Mensch wie im Hinduismus oder Buddhismus im Lauf der Jahrhunderte viele Existenzformen in Form von Wiedergeburten durchlebt. Es gibt die Vorstellung, dass in all diesen Existenzen wie im Hinduismus ein Selbst (*atman*), d.h. ein „guter Kern", existiert oder dass es sich bei all diesen Existenzweisen wie im Buddhismus um „selbst-lose" Weltlinge handelt, die karmisch bedingt von Existenzform zu Existenzform übergehen. Auch das Weltbild ist recht unterschiedlich, je nachdem, ob Gottheiten ein bereits vorhandenes Chaos zu einem Kosmos umgestalten, ob die Gottheit die Welt aus dem Nichts erschafft oder ob die Welt als Kreislauf von Wiedergeburten gedacht wird, über dessen Herkunft man sich wie im Buddhismus keine Gedanken macht. All dies deutet auf eine recht facettenreiche, in keiner Weise einheitliche Entwicklung hin. Durchgängig ist dabei meist, dass der Mensch – auf sich allein gestellt – sich verlassen, geängstigt und allen möglichen Formen von Unbill ausgesetzt fühlt. Er erwartet daher Hilfe und Unterstützung durch andere

Mächte, die, wenn auch oft unsichtbar, stark und wirkmächtig sind, ihm Schutz und Hilfe zu bieten. Das Weltbild ist insofern nicht auf den sichtbaren Bereich beschränkt, sondern rechnet mit noch anderen, unsichtbaren Akteuren, wobei die für den Menschen sowohl heilbringend als auch Unheil verheißend sein können. Solche Akteure können Gottheiten sein, es können verstorbene Menschen (vor allem die Ahnen) sein, es können aber auch Geister unterschiedlichster Art und Gestalt sein. Ihre Beschreibungen umfassen den gesamten Bereich menschlicher Vorstellungskraft im Positiven (z.B. Himmelsbeschreibungen) wie im Negativen (man denke an die Qualen in den Höllenbeschreibungen). Die Menschen können mit all diesen Wesen Kontakt pflegen. Dies kann dadurch geschehen, dass diese Mächte selbst dazu die Initiative ergreifen, es kann aber auch sein, dass die Menschen diesen Kontakt suchen und knüpfen. Dabei kommt dem Menschen unter allen Lebewesen eine Sonderstellung zu. Irgendwie wird seine geistige Nähe zur unsichtbaren Welt des Göttlichen (der Transzendenz) ebenso betont wie seine Erdverbundenheit und damit seine Zugehörigkeit zur materiellen Welt samt ihren Lebewesen.

Dieses Buch geht nicht auf die kulturellen Folgen ein, die solche Vorstellungen mit sich gebracht haben. Denn Kunst, Musik, Literatur, aber auch die Philosophie und das Recht spiegeln die religiösen Vorstellungen der Menschen in vielfacher Weise eindrucksvoll wider. Sie sind Illustrationen der Wirkkraft von Glaubens- und Denkvorstellungen und konkretisieren auf ihre Weise die Mannigfaltigkeit religiösen Denkens im Lauf der Menschheitsgeschichte.

In doppelter Hinsicht ist diese Entwicklung in den letzten zwei Jahrhunderten an einem entscheidenden Wendepunkt angelangt: Die Wissenschaft hat den Menschen vom Gefühl der Angst und des Ausgeliefertseins befreit, und der Glaube an etwas Höheres scheint für viele in Mitteleuropa erloschen zu sein.

Die Wissenschaft hat – wie Horst Eberhard Richter behauptet[50] – den Glauben an die Allmacht des Menschen mit sich gebracht und in vielen Bereichen Wirklichkeit werden lassen. Wohlstand, Verfügbarkeit von Nahrung und Gesundheit sind weitgehend machbar geworden. Was früher von göttlichen Wesen erbeten wurde, kann – so scheint es – der Mensch jetzt von allein. Dadurch entsteht der Eindruck, dass die Probleme der menschlichen Lebenswirklichkeit ohne Bezug auf Religion und Transzendenz lösbar sind. Religion und die Hinwendung zu Gott beschränken sich somit – wenn überhaupt – auf Grenzsituationen des menschlichen Daseins, auf Situationen von unheilbarer Krankheit, Todesnähe oder Tod sowie auf große Naturkatastrophen, schwere Unfälle oder Verbrechen, die den Menschen die Sprache verschlagen. In solchen Fällen bieten oft die Religionen ihre Dienste an. Sie verfügen dabei offenbar über adäquate Ausdrucksformen, die wie im Fall der Gottesdienste aus Anlass des Anschlags auf das

[50] Horst Eberhard Richter: Der Gotteskomplex. Die Geburt und die Krise des Glaubens an die Allmacht des Menschen, Reinbek bei Hamburg 1979.

World Trade Center in New York am 11. September 2001 auch von denen gern in Anspruch genommen werden, die sich ansonsten nicht als religiös verstehen.

Der Glaube an die Wissenschaft – so kann man die voraufgehenden Beobachtungen pointiert zusammenfassen – hat für viele in Europa den Glauben an die göttliche Macht verblassen lassen. Statistisch gesehen heißt dies, dass im Jahr 2003 in Deutschland 31,3 Prozent der Bevölkerung römisch-katholisch, 31,3 Prozent evangelisch, 31,8 Prozent ohne Konfession, 3,9 Prozent islamischen Glaubens und 1,7 Prozent Sonstige (z.B. Buddhisten, Hindus) waren. Für Gesamteuropa sieht die Statistik ähnlich aus: Danach gibt es drei ungefähr gleich starke Bevölkerungsgruppen, die römisch-katholische, die orthodoxe und die ohne Konfession. Interessant ist dabei, wer sich hinter denen „ohne Konfession" verbirgt. Traditionell rechnet man in Mitteleuropa darunter die Atheisten, in Großbritannien die Agnostiker. Während die Atheisten affirmativ für die Nichtexistenz Gottes bzw. göttlicher Mächte eintreten, sind die Agnostiker diesbezüglich unentschieden gemäß der Devise dessen, der angesichts des unmittelbar bevorstehenden Tods sagt: „Gott, wenn es Dich gibt, rette meine Seele, falls es sie gibt." Atheismus und Agnostizismus sind heute unter den Nichtglaubenden in Europa eher Positionen von Minderheiten. Viel häufiger sind die „ohne Konfession", die keiner Religionsgemeinschaft angehören und denen religiöse Denkvorstellungen so fremd sind, dass sie bei keiner Gelegenheit mehr darauf zurückkommen. Sie verfügen über keinerlei religiöse Deutungsmuster für ihre Erfahrungen und machen folglich auch keine diesbezüglichen Erfahrungen mehr.[51] Zum ersten Mal ist daher die Religionswissenschaft wie die christliche Theologie mit der Tatsache konfrontiert, dass es derartige Menschen in größerer Zahl gibt. Dennoch kann man ihnen ihr Menschsein nicht absprechen, wie es noch Mircea Eliade indirekt suggerierte, als er postulierte, dass Religion zum Menschsein dazugehöre. Die Religionswissenschaft und die christliche Theologie müssen die Existenz derartiger Nichtglaubender zur Kenntnis nehmen und können nicht mehr wie im christlichen Mittelalter den Atheismus nur als höchst unwahrscheinliche Hypothese hinstellen im Sinn des biblischen Psalmwortes: „Die Toren sagen in ihrem Herzen: ‚Es gibt keinen Gott.'" (Ps 14,1) Religionswissenschaft und christliche Theologie haben demnach trotz unterschiedlicher Zielsetzung die Aufgabe, solchen Menschen religiöses Denken und religiöse Praxis nachvollziehbar nahe zu bringen, damit sie fähig werden, Glaubende zu verstehen, auch wenn sie deren Positionen nicht teilen.

Das Verstehen von Andersdenkenden und Andersgläubigen wird in unserer Welt immer wichtiger. Dies zeigt sich in Deutschland im Zusammenleben von Christen, Juden und Muslimen, und es ist weltweit von ganz besonderer Bedeutung, zumal vieles dafür spricht, dass religiös geprägtes Denken etwa in Form

---

[51] Vgl. dazu Peter Antes: Wie lernt man religiös zu sein? Religiöse Erziehung in den Religionen, in: Zeitschrift für Religionswissenschaft, 10. Jahrg. (2002), Heft 1, S. 93-103.

des sog. religiösen Fundamentalismus in den USA wie in hinduistischen Kreisen Indiens und in vielen Ländern mit islamischer Bevölkerungsmehrheit den politischen Alltag bestimmt und das Denken und Handeln von Millionen von Menschen so sehr prägt, dass man sich in Nordamerika sogar ernsthaft fragt, ob die Vorstellung vom säkularen Staat nicht ein auslaufendes Modell ohne Zukunft ist. „Die Rache Gottes“ (Gilles Kepel) ist voll im Gang, die Rückkehr der Religion auf die öffentliche Bühne vollzieht sich in vielen Bereichen.[52] Und bei näherem Hinsehen zeigen sich sogar bei denen „ohne Konfession“ noch Reste von Glauben, wenn sie ihr jetziges menschliches Leben für das einzige auf dieser Erde unter den Bedingungen von Geburt und Tod ansehen und damit dem Glauben an die Wiedergeburt eine Absage erteilen oder wenn sie die Entwicklung der Menschheit und der Welt als linear auffassen und nicht als zyklisch und wenn sie glauben, dass ethisches Verhalten einen Sinn hat, obwohl doch der Ehrliche im Alltag oft der Dumme ist.

Die Aussagen dieses Buchs haben gezeigt, dass das religiöse Denken in der Menschheitsgeschichte viele Phasen durchlaufen und unterschiedliche Vorstellungen hervorgebracht hat. Man kann daher mit Recht von einer Entwicklung, ja sogar von einer Evolution von Religion sprechen. Allerdings ist diese Evolution alles andere als geradlinig verlaufen. Mit Sicherheit wird sie auch in Zukunft weitergehen, ohne dass man sagen kann, wie. Nicht auszuschließen ist auch, dass zumindest in manchen Gegenden das religiöse Denken ganz erlischt, in anderen auf neue Blüten zutreibt. Deshalb spricht wenig dafür, dass es so etwas wie ein Religions- oder Glaubensgen im menschlichen Gehirn gibt. Richtig dagegen ist, dass religiöse Aktivitäten wie etwa die Meditation sich auch durch Hirnströme abbilden lassen, doch haben diesbezügliche Experimente gezeigt, dass die gemessenen Hirnströme weder alle dasselbe Bild noch ausschließlich religiöse Verläufe ergeben. Was sie gezeigt haben, ist, dass Religion wie Kunst und Spiel *eine* von vielen menschlichen Aktivitäten ist, die als solche auch messbar und der wissenschaftlichen Erforschung zugänglich sind, ohne dass es bislang gelungen wäre, ihr Spezifikum genau zu bestimmen. In diesem Sinn bleibt das religiöse Denken des Menschen ein Geheimnis und entspricht insofern ein wenig dem, was Religion inhaltlich darstellt.

---

52 Vgl. dazu Peter Antes: Religions and Politics. Facts and Perspectives, in: Religioni e Società. Rivista di scienze sociali della religione 26, Anno XI, settembre-dicembre 1996, S. 5-13.

Abkürzungen

LThK Lexikon für Theologie und Kirche, begr. von Michael Buchberger, hrsg. von Walter Kasper u.a., Bd. 1ff, Freiburg i.Br.–Basel–Rom–Wien ^{3}1993ff

RGG Religion in Geschichte und Gegenwart. Handwörterbuch für Theologie und Religionswissenschaft, hrsg. von Hans Dieter Betz u.a., Bd. 1, Tübingen ^{4}1998ff

u.Z. unserer Zeitrechnung = nach Christus

v.h. vor heute, die in der Wissenschaft übliche Bezugsgröße für prähistorische Zeitangaben

v.u.Z. vor unserer Zeitrechnung = vor Christus

Bibliographie

Antes, Peter (Hrsg.): Große Religionsstifter. Zarathustra, Mose, Jesus, Mani, Muhammad, Nānak, Buddha, Konfuzius, Lao Zi, München 1992, identische Lizenzausgabe Augsburg 2002

Antes, Peter (Hrsg.): Die Religionen der Gegenwart. Geschichte und Glauben, München 1996

Bellinger, Gerhard J.: Knaurs Großer Religionsführer. 670 Religionen, Kirchen und Kulte, weltanschaulich-religiöse Bewegungen und Gesellschaften sowie religionsphilosophische Schulen, München 1986

Bowker, John (Hrsg.): Das Oxford-Lexikon der Weltreligionen, Düsseldorf 1999

Bremmer, Jan N.: Mythen und Heiligtümer im antiken Griechenland, Darmstadt 1996

Burkert, Walter: Griechische Religion der archaischen und klassischen Epoche, Stuttgart 1977

Dammann, Ernst: Grundriß der Religionsgeschichte, Stuttgart–Berlin–Köln–Mainz ³1989

Díaz, Carlos: Manual de Historia de las Religiones, Bilbao ²1997

Diez de Velasco, Francisco: Breve historia de las religiones, Madrid 2006

Diez de Velasco, Francisco: Hombres, Ritos, Dioses. Introducción a la Historia de las Religiones, Madrid 1995

Eliade, Mircea: Geschichte der religiösen Ideen, 3 Bde., Freiburg–Basel–Wien ³1997

Eliade, Mircea (Hrsg.): The Encyclopedia of Religion, 16 Bde., New York–London 1987

Handbuch Religionswissenschaft. Religionen und ihre zentralen Themen, hrsg. von Johann Figl, Darmstadt 2003

Hinnells, John R. (Hrsg.): A New Dictionary of Religions, Oxford–Cambridge/MA. 1995

Hutter, Manfred: Die Weltreligionen, München 2005

Immoos, Thomas: Ein bunter Teppich. Die Religionen Japans, Graz–Wien–Köln 1990

Jones, Lindsay (Hrsg.): Encyclopedia of Religion, 15 Bde., Detroit u.a. ²2005

Lexikon für Theologie und Kirche, begr. von Michael Buchberger, hrsg. von Walter Kasper u.a., 11 Bde., Freiburg i.Br.–Basel–Rom–Wien ³1993–2001

Maier, Bernhard: Die Religion der Germanen. Götter – Mythen – Weltbild, München 2003

Maier, Bernhard: Die Religion der Kelten. Götter – Mythen – Weltbild, München 2001

Metzler Lexikon Religion. Gegenwart – Alltag – Medien, hrsg. von Christoph Auffarth u.a., unter Mitarbeit von Agnes Imhof und Sylvia Kurre, 4 Bde., Stuttgart–Weimar 1999–2002

Michaels, Axel: Der Hinduismus. Geschichte und Gegenwart, München 1998

Müller-Karpe, Hermann: Geschichte der Gottesverehrung von der Altsteinzeit bis zur Gegenwart, Paderborn 2005

Muth, Robert: Einführung in die griechische und römische Religion, Darmstadt 1988

Poupard, Paul (Hrsg.): Dictionnaire des religions, Paris 1984

Pye, Michael (Hrsg.): Macmillan Dictionary of Religion, London–Basingstoke 1994

Religion in Geschichte und Gegenwart. Handwörterbuch für Theologie und Religionswissenschaft, hrsg. von Hans Dieter Betz u.a., 8 Bde., Tübingen ^{4}1998–2005

Religionen und Kulturen der Erde. Ein Handbuch, hrsg. von Anton Grabner-Haider und Karl Prenner, Darmstadt 2004

Rüpke, Jörg: Die Religion der Römer. Eine Einführung, München 2001

Samartha, Stanley J.: Hindus vor dem universalen Christus, Stuttgart 1970

Theologische Realenzyklopädie, hrsg. von Gerhard Müller in Gemeinschaft mit Horst Balz u.a., 36 Bde., Berlin u.a. 1977–2004

Tworuschka, Monika und Udo (Hrsg.): Bertelsmann Handbuch Religionen der Welt. Grundlagen, Entwicklung und Bedeutung in der Gegenwart, Gütersloh–München 1992

Tworuschka, Monika und Udo: Als die Welt entstand ... Schöpfungsmythen der Völker und Kulturen in Wort und Bild, Freiburg–Basel–Wien 2005

Waldenfels, Hans (Hrsg.): Lexikon der Religionen, begr. von Franz König, Freiburg–Basel–Wien ^{2}1988

Wunn, Ina, verschiedene Beiträge, in: Wohin die Toten gehen. Kult und Religion in der Steinzeit. Sonderausstellung vom 21. November 2000 bis 29. April 2001 im Staatlichen Museum für Naturkunde und Vorgeschichte Oldenburg, Katalog, Oldenburg 2000

Wunn, Ina: Beginniing of Religion, in NUMEN. International Review for the History of Religions, vol. XLVII, Nr. 4 (2000), 417–452

Wunn, Ina: Die Religionen in vorgeschichtlicher Zeit, Reihe: Die Religionen der Menschheit, Bd. 2, Stuttgart 2005

Zaidman, Louise Bruit: Die Religion der Griechen. Kult und Mythos, München 1994

Sach- und Personenregister